不完美的美

致每一个向往完美的女人

肖雪萍
刘芯语
著

中国纺织出版社有限公司

国家一级出版社
全国百佳图书出版单位

内 容 提 要

作为女人，每个人都渴望自己完美，每个人都在追求完美。本书想要传达给女人的理念是：放下执念，拥抱和接纳自己的不完美。当我们的内在丰盈而有力量时，我们看到的便是我们不完美生命中的美。

全书超越了女性获取外在美的进阶方法，更多的是关注和激发女性内在的成长，旨在帮助女性探索和发掘原本属于自己的独有的美。

图书在版编目（CIP）数据

不完美的美：致每一个向往完美的女人 / 肖雪萍，刘芯语著 . -- 北京：中国纺织出版社有限公司，2020.3

ISBN 978-7-5180-7026-8

Ⅰ．①不… Ⅱ．①肖… ②刘… Ⅲ．①女性—修养—通俗读物 Ⅳ．① B825.5-49

中国版本图书馆 CIP 数据核字（2019）第 267456 号

策划编辑：刘 丹　　责任校对：韩雪丽　　责任印制：储志伟

中国纺织出版社有限公司出版发行

地址：北京市朝阳区百子湾东里A407号楼　邮政编码：100124

销售电话：010—67004422　传真：010—87155801

http:// www.c-textilep.com

中国纺织出版社天猫旗舰店

官方微博http:// weibo.com / 2119887771

北京华联印刷有限公司印刷　各地新华书店经销

2020年3月第1版第1次印刷

开本：880×1230　1 / 32　印张：9

字数：173千字　定价：49.80元

打开它，就像是开启一盏灯

很荣幸提前拜读了《不完美的美：致每一个向往完美的女人》，这是两位女性作者为所有女人创作的一本书。书中内容之丰富，思想之广阔，用心之良苦，让我在阅读的过程中深深被感动，有好几次使我放下书陷入沉思。一本好书的价值在于：你总能在书里看到自己、想到自己，把作者的观点和自己的人生经验相结合，得出属于自己的思考和智慧。事实上这也是阅读的快乐之一。

在颜值经济的社会，如果你还没有意识到形象的重要性，是很难在激烈的竞争中脱颖而出的，我们不得不承认，似乎好运气经常都被形象好的人霸占。但世界是公平的，只要你愿意学习改变，通过细细阅读这本书，并践行书里的观点和方法（书里提供了许多实用的改变方法，有形象的，也有心理的，总有一款适合你），你将有机会变得更美、更幸福。

十多年前，在充满迷茫的人生阶段，我曾经希望能遇到一位人生导师来教我如何变得更好，期待能有一位经验与智慧并存的长者，去帮助我找寻某些问题的答案。但现实的情况是，我只能一个人在黑暗中摸索，在孤独中前行，在艰难中自我依靠。所以当我读到这本书时，心里不禁叹息：如果我当年能读到这本书就好了。两位作者就像是我当时想象的人生导师那样，毫无保留地把专业知识和研究经验分享给我们，不仅教我们如何变得更美，还教我们如何内外兼修，爱上独一无二的自己。这本书就像是人生道路上的指明灯，带你走向成功和幸福，让你发现更好的自己，成为自信、美丽、内在富足的人。

作者用人物故事启发读者产生共鸣。书里的故事和人物，都是普普通通的人，有着大部分人都难免的苦恼和欢乐，也有着大部分人的愿望和追求。她们就像是和我们并肩奋斗的同事，像是每天和我们说"早上好"的邻居，也像是我们曾经的某位同学，或者，她们根本就是我们自己的写照。在追求幸福的道路上，别人就像是我们的镜子，很感谢两位作者提供了这么棒的例子，让我们有机会在别人的故事里看见自己、认清自己、对照自己，接纳自己的不完美，同时关注那些不足之处，从而在生活中慢慢修炼和提升。

亲爱的朋友，我极力向你推荐这本书，因为它极有可能会影响你的一生。请把书里提供的实操方法用起来，让平凡的自己不再普通，不再被人群所埋没，成为光彩夺目、气场强大的女神。我深深相信，从翻开它的那一刻起，你的生活就已经在悄悄变得越来越好。你将会发现，当你认真践行书里的方法和建议，单身的你会更容易遇见爱情，有伴侣的你则更能体验亲密关系的美好，渴望成就的你更有力量去创造价值，追求自我成长的你将收获更多内在的稳定和自信。

　　真心希望更多的人阅读分享这本书，我深信它可以帮助我们生活得更幸福，生活得更有价值！

白云山瘦花语品牌创始人　陈乐乐

2019 年 6 月

我骄傲，我是一个女性

2004 年夏天，我参加了美国完形治疗师罗丝·娜吉亚（Rose Najia）带领的完形释梦工作坊，那是我第一次接触心理治疗课程（之前参加的教练技术、九型人格、NLP 之类，并不能算是心理治疗）。当时 Rose 已经七十多岁，是所有人里最年长的一个，而我呢？是最年轻的那一个。尽管满头银发，脸上有深深的皱纹，Rose 却一点也没有老年人的感觉。卷曲的短发，白色的圆形耳钉，淡色的服饰，让她看起来非常优雅，当她望着某人，眼睛里总是闪烁着温暖而智慧的光——那种由内而外的和谐之美，让人忘了她的年龄，甚至可以说，正是她的年龄让她魅力绽放，让她充满女性的柔和与美好。

其时我正在为了自己年过 25 岁而焦虑，一想到 30 岁正在一天天靠近，就觉得应该赶快做些什么。如果说在 Rose 身上看到那种与年龄无关的女性美，只是给我的内心带来一些触动，那么后来的第一次职业转型中，对于专业化妆和形象设计的深度学习，才真的是帮我打开了美的大门。虽然我很快发现，形象设计师这个职业并不适合我，但这个职业转型的经历却让我认识到，原来每个人都那么美，原来美是那么富有层次、富于内涵，原来美一直在那里，只是需要有一双发现美的眼睛，也需要用审美的眼光去发掘、去雕塑，乃至是去创造。

时间来到2009年，我再次有了一个职业转型的机会，并且顺利转型成功，成为一位专业的心理咨询师。作为女性心理咨询师，我的咨询师和督导都是女性，而我的来访者也是以女性为主。在咨询室里和数以千计的女性一起度过许多珍贵的时刻，让我对生命的体验愈加广阔和深入，对女性的心理需求、自我认同、社会责任等都有着深度的思考。无论是在社会还是在家庭生活中，女性都扮演着举足轻重的角色，承担着超出她们本该承担的责任和压力，她们整体上是忍耐的、坚韧的、宽容的，有些时刻也是卑微的、压抑的，难以面对真实的自我。

近些年来我越来越多地关注到女性的发展，关注社会对女性身份和角色的期待如何影响着她们的自我评价和心灵的自由度。一百四十年前，挪威戏剧家易卜生在戏剧《玩偶之家》里塑造了自我意识觉醒的娜拉，她不愿意继续靠取悦丈夫为生，希望先成为自己，再论作为妻子和母亲的社会角色。

六年前，我做了一个梦。在梦里，我作为重要嘉宾获邀参加一个音响展览会，展览会的主办者是一位事业有成的男同学。经过一条灯光幽暗的狭长通道，我来到开阔的大房间，还没有来得及观赏精美的乐器，就被工作人员告知，要参加后面的精彩活动，必须要穿主办方提供的礼服，否则拒绝入内。我欣然同意，信步走进房间深处。在橘色灯光的映照下，墙上的礼服精美无比，可是却只有裤装，且都是大码的黑色男款裤装，竟没有一条我能穿的。

第一秒里我陷入被逐出场的焦虑，在下一秒里，我羞耻于自己即将不穿衣服参加活动，直到进入第三秒，我才开始愤怒地质问工作人员：你们太失职了，竟然没有想过重要嘉宾里会有女性吗？

梦醒之后，我哑然失笑，这是一个多么寓意明确的梦啊。那个有着幽暗狭长通道的房间就像是母亲的子宫，作为母亲的第一个孩子，我被认为是重要的贵宾，来到这个世界时受到了热烈的欢迎。然而令人尴尬的是，在为我盖上父系印戳的环节里，父亲完全没有设想过，我和他不同，我不是他预想中的男性，我的阴茎是内置的，而非探出体外的，当青春期来临时我会凸出乳房，而非喉结。

对于这个不同，父亲也许是失望的，带着些许无奈的。我呢？我是内疚的，我为自己的女性身份感到恐惧、感到羞耻，还有混杂着委屈和伤心的愤怒感。但是就现实来说，从出生伊始，父亲就一直很疼爱我，由于我天生爱学习——似乎也善于学习——就一个农民家庭来说，我确实比两个弟弟享用了更多的家庭资源。但是在潜意识深处，我却始终在为女性的价值和尊严而努力。

瑞士心理学家卡尔·荣格提出了"集体潜意识"的观点，他认为人格应分为意识、个人潜意识和集体潜意识三个部分。所谓集体潜意识，就是人的心灵里最底层的潜意识，这里有人类世世代代的生活印记，有人类先祖的经验和认知，甚至还有生物基因的遗传痕迹。

集体潜意识不是后天习得而来，也不是被意识遗忘的部分，而是人的一种本能倾向，它就像陆地上的空气，像大海里的水珠，它随时随处流淌在我们身边，左右着我们的行为、认知和感受，然而我们却感觉不到它的存在。这些年来，女演员们总在抱怨，她们只要过了四十岁，就只能出演没有发挥空间的妈妈和妻子角色，而这样的现象之所以持续，表面上是因为市场上缺乏合适的剧本故事，但根本原因其实是在中国人的集体潜意识里，女性几乎没办法作为她自己而存在，她们如果想体现自己的价值，就必须和男性扯上关系，只有当她们作为某个男性的妈妈或妻子时，编剧们才知道该如何刻画这个女性的形象。

但我们不能责怪编剧。

因为编剧们的认知，在某种程度上代表了我们这个时代的主流想法。在集体潜意识的影响下，相当一部分女性也是这样看待自己的，这导致她们不自觉地认同丈夫的想法，她们轻易就被丈夫的逻辑说服，她们无力在婚姻里坚持自己的观点，她们甚至为了保有妻子的名分，而勉强自己留在痛苦的婚姻里。

但我们更不能责怪我们女性自己。

仍然是集体潜意识的原因，女性在无意识深处觉得，她们需要通过婚姻来确认自己的价值，她们还觉得，如果没有了婚姻她们就不再是她们自己。我们的社会，我们的父母，各种媒体，甚至包括一些名人和专家，也是这样教化女性的，比如很多人认为女人离婚约等于失败（大家很少用同样的眼光看男人，然而没有人为此感到奇怪）。社会污名化着女性的身体和欲望，为女性规定着成功和失败的标准，如果与此同时，我们又希望女性是自尊自爱的、内心自由的、勇敢坚强的，那未免是过于强人所难了。

值得高兴的是，已经有越来越多的女性开始觉醒，她们渴望成为自己，而不是成为任何人的附属，她们希望为社会贡献属于女性的能力和智慧，而不是继续扮演社会为女性划定的形象。这表现为女性的高就业率，表现为女性结婚的时间越来越延迟，还表现为女性的学业和职场表现经常比同龄男性更优秀。

我认为那个梦不只属于我，还属于全世界几十亿女性。

很多女性都像我一样，曾体验过身为女性的存在性焦虑，也曾因为身为女性而遭受羞辱，也曾为了某些不公平的现象而愤怒，或许如今也跟我一样，正在为彰显女性的价值和尊严，为在发展女性的思想和信念，为拥有女性的话语权而付出努力。

六年之后的今天，在此时此刻，当我写下这些文字，与万千读者分享我的所思所想，我意识到我早已续写了我的梦。当时间来到第四秒，我平静下来，右手放在胸前对自己说：你可以穿着自己的衣服去参加活动，你得知道你有多美，同时你也需要让所有人看到，你的美与众不同，独一无二。

亲爱的读者，我期待通过这本书，能让你成为自己的主人，按照自己的想法去做自己，去走自己的人生路。通过使用书里提供的一些方法和理念，能让你更加喜欢自己身为女性的存在，能够发自内心地相信你身为女性的价值，能踏上属于你的成长路径，去创造你身为女性的自信和力量，去体验你身为女性的喜悦，去拥抱你身为女性的美好。

让我们为自己身为女性而欢呼！

肖雪萍

2019 年 6 月

　　我有很多朋友，雪萍是其中相交颇深的一个。一是我们相识于微时，曾经有很多生活交集；二是我们的性格有相似也有互补，对彼此的影响很深；三是我们的职业有不同又有重叠，这让我们在很多方面都能深度交流。

　　我身边比较亲近的人都知道雪萍，因为我经常不自觉地说起她。这几年，我们的工作重叠越来越多，我经常被问到的问题是：

　　你们是怎么认识的？

　　我就会说，当我们同为形象设计师时，在 QQ 群里互加好友，然后一见如故。待到深交之后我们才知道，那个形象群里有三百多人，可是我们只加了彼此，并且都是加完就退群。

　　另一个我最常被问到的问题是：

　　你们是那么好的朋友，你们有过观点分歧的时候吗？

　　我就会回答：当然啊。她转型心理学领域后，有一段时间我们经常发生分歧，我们各持己见，激烈辩论，甚至争吵不休。但是沉淀一些时间后，又会再回来梳理和探讨矛盾点，最终总会发现两个人各有各的道理，我们看问题的视角和出发点不同，最终方向却是一样的，此时，我们彼此会释然大笑。

我们有很多相似之处。我们都对美的事物充满敬意，都对自我探索和成长感兴趣，在这段友情里，都是非常真实地表达自己，所有争论都基于彼此的信任和成长。正是一次又一次的碰撞，让我们对彼此的了解越来越多，对彼此的认可度越来越高，也让我们的友情坚如磐石。

我们殊途同归地做着同一件事情。我通过形象美学去帮助人们看见和拥抱真实的自己，并勇敢地活出自己，在提升形象魅力值的同时增强自信心和力量感。雪萍则通过心理咨询去帮助人们看见自己的美好，更大程度上认同和欣赏自己。同样身为女性，我们对女性群体有着深入的理解。我们一致认为，女性只有活出真我，内心才能豁达，生活才能幸福。

我们对彼此都有很深的影响。在自我成长的部分互相陪伴，在专业成长的路上互相支持、互相督促，一起做真、善、美的践行者，不断探寻女性的形象与心理的相关性，反复求证人的外在形象与内在自我之间的影响作用。

多个层面的深度交流、广泛研究和激烈碰撞，让我们在生活、内心和专业上都走得又稳又扎实。到了 2018 年，我们一致觉得是时候做些什么了，于是就写成了这本书。我们希望书里的经验和方法能对你有所启发，甚至助你拨开内心的雾霾，激活内在自我的力量，然后成为自己喜欢的样子。

那么，如何使用本书呢？

这可能不是一本好看的书。因为里面没有好喝的鸡汤，没有华丽的辞藻，也没什么精彩的人生模板。

但是，这本书虽然不好看，却可能有一些用。

它或许能帮你了解自己（如果你也认为这很重要的话），引领你进入自己的内心世界，探索独属于你的美和魅力，尤其是帮助你提升内在力量和心理安全感，助你成为自己的人生导师，活成你喜欢的样子。

要达到这样的内心和生活状态，确实不是那么容易的事，但它值得你专门为之付出时间和空间，去尝试、去体验、去践行，把它作为你的人生志趣之一。

古书《增广贤文》记述过"有志之人立长志，无志之人常立志"的现象，然而现象背后的原因却被忽视了。那些常立志的人并不是无志，而只是内心缺少力量，也缺少实现志向的知识和能力，这才导致志向的搁浅，为了防止心理上的自责、自罪、自我抨击，人们就会想换一个志向重新来过。

这其实是人的心理保护机制。频繁更改志向，虽然导致所有志向都落空，却可以让人们免于被挫败感淹没，不至于陷入绝望。

然而那些曾经被丢弃、被更改的志向，也是志向。每个人都有很多志向，有些能实现，有些却只能是志向而已。如果大部分志向都被丢弃，你就会感觉很无力，觉得人生没有意义，失去探索这个世界的热情，像行尸走肉一样毫无生气。

在这本书里，有些部分可能会让你看见自己的志向，有些部分可能帮你看见志向如何被丢弃，还有些部分则启发你实现志向的方法和路径，并掌握自己人生的方向盘，主动去创造自己想要的人生。

我和雪萍写这本书，并不是为了让你看一看，而是为了让你用一用。

所以在开始时，你需要一边阅读、一边思考、一边体会自己，有些章节还需要你动动手，去尝试操作一番。

在内容的设计上，我主要负责第二章的内容，其他章节的内容及全书的统稿则主要由雪萍来做。

我们在书里谈了一些观点，讲了一些理念，但是请你在读到它们时，一定不要全盘接收，而是能带着你的思考去质疑我们所说的一切，然后带着自己的思考和质疑在你的生活里去观察和体会，直至得出属于你自己的结论。

我们认为唯有这样的读法，这本书才能发挥它应有的价值。

现在，你可以准备好自己，进入正式的阅读了。

祝你有一个好心情！

刘芯语

2019 年 8 月

目 录
Contents

第三章　探索你的内在自我

第四章　拥抱你的安全感

第五章　找到自我的力量

第一章

看见独一无二的你

1. 发掘你自身的艺术气质

人为什么爱美？古希腊大哲学家亚里士多德回答说：只要不是瞎子，谁都不会问这样的问题。

爱美是人的天性，就像是一种生物本能，就像是 1+1 必然等于 2。

哪怕是生活在史前的原始人，在生活条件恶劣苛刻的情况下，都有心情在瓶子上雕花画画，装饰他们的生活居所，就更别提我们这些解决了生存问题的现代人了。

然而，如果谈到如何变美的话题，你心里可能会发出各种声音：爱美？变漂亮？太肤浅吧？会不会太俗气了呢？

这些声音的存在，实在太正常了。

爱打扮并非肤浅

你身边可能也有一个张小红这样的朋友。

张小红的身材不高不矮、不胖不瘦，皮肤不黑不白、不粗不细，头发一般也不做什么发型，大部分时候都是随便扎个马尾。她绝对不是大美女，但一点也不算丑。她有一份稳定但是无趣的工作，收入不高，也不算低，总的来说她可能就像你，就像我，就像我们认识的任何一个普通人，她跟大多数人一样，过着每天朝九晚六的生活。

越是表面看来很普通的张小红，就越是有着坚定的生活追求。她希望找到一个有上进心、积极、乐观、经济条件好、又高大又帅气的男朋友。她希望这个男朋友真心爱她、欣赏她、包容她，给她带来力量和阳光。当她把这个愿望告诉闺蜜时，闺蜜先是点点头，然后就上下打量她，用一种半调侃半认真的语气说："那你是不是先捯饬一下自己，做个发型，化个妆，让你能配得上那个帅气的男朋友啊？"

张小红要么不屑地怼回闺蜜："我才不会那么肤浅呢。"要么就自豪地宣称："我还是比较喜欢自然美。"

也许你和张小红就有一样的想法，认为打扮自己是肤浅的表现。

你的想法很正常。毕竟，在父母、祖父母的认知和文化环境里，

"爱打扮"几乎是不务正业的代名词，也是轻浮的同义词。你很难不受他们的影响，哪怕他们从未正式跟你谈话过，你也能从细枝末节之处感受到长辈们希望你怎么做，并下意识地迎合他们的期待。

我们每一个人，自出生开始就迫切寻求父母的认同，渴望和父母建立深切的联接。这是被写入生物基因的渴望，是与生俱来的需要，是一种自动化的反应，是动物本能的追寻，就像新生的小海龟奔向大海，像破壳而出的小鸡寻找妈妈，像溯游而上的鲑鱼繁衍生息。

如果你的父亲坚信"漂亮女人会勾引男人"，母亲常说"漂亮女人易轻浮"，爷爷把"漂亮女人多花心"挂嘴边，奶奶唠叨着"爱打扮会耽误学习"，你看过的文学作品里表达着"自古红颜多薄命"的观点，那么你拥有"自然美才是真的美"的信念就再正常不过了。

我们必须要认识到，观点的产生立足于时代背景，创造观点的人也会带有个人的局限性，很多流传甚远的观点都是经不起推敲的。

比如"吃得苦中苦，方为人上人"，意思是说想要成功必须要吃苦，然而这样的观点只适合成功机会极少的古代社会。在如今的年代，成功根本无须吃苦——因为我们有很多选择空间，当我们选了自己喜欢的职业，那么为这个职业付出努力的过程非但不会感到辛苦，还会充满激情和兴奋呢。

你可能无意识中认同长辈们的观点，认为漂亮的外表毫无意义，审美的需求不值得追寻，只有实用的、功能性的东西才有价值。但你需要知道，这些观点也是来自特定的历史时期。在物质贫乏经济困难的年代，父母和祖父母们没有条件爱美，也不被允许亲近美——基本的温饱都未及解决，哪里顾得上审美，顾得上关注外表和形象呢？也怪不得过去人们常说"漂亮不能当饭吃"了。

❀ 漂亮的潜藏价值

然而时过境迁，"外表漂亮"的价值发生了翻天覆地的变化。在如今的时代，漂亮不但可以当饭吃，还能变现经济价值，成为一种随身携带的财富。

网红仅仅是因为外表漂亮，就能通过没有实质内容的网络直播身家千万；很多明星和艺人，只要有好看的脸蛋和健美的身材，哪怕没什么文艺作品，也能受到粉丝们的热烈欢迎；企业在招聘时，当两个应聘者条件相当时，外表漂亮的人会被优先录取；同样岗位同等条件的两个人，外表漂亮的人比相貌平常的竞争者，在薪水待遇上会高出 10 个百分点。

这些现象是因为：

在人的潜意识里，外表漂亮的人被自动地附加了很多光环——人们倾向于认为他们更自信、更聪明、更善于进行人际交往，抗压能力也更强。

美国心理学家的研究也证实，相貌漂亮的人情绪会更健康。因为被加上去的这些光环让他们时常生活在较为友善的环境里，大大提升自尊感和乐群性，让他们更加快乐，对这个世界更友善。而快乐的心情和友善的态度，能进一步帮他们得到更多好资源和积极反馈。

这个研究告诉我们：

漂亮的外表不但可以帮你得到经济回报，还能很大程度上促进你的人际关系和情绪的健康。

当然，漂亮和美是两种不同的状态，虽然它们又有些相似之处。在下一节我会详细为你解释两者的不同。

❀ 美和艺术化有关

中国的美学教育一直处于空白状态，这使得很多人对美缺乏基本认知，以至于曲解"自然美"的真实含义。

自然美并非不加修饰的美。

如果没有对自然的事物进行艺术加工——雕琢它，为它赋予情感和意义，使它成为人类社会生活的一部分，那么这个事物就无法以美的形式而存在。

以拍照为例。如果你只是随便拍一拍，出来的影像就只能称为照片，因为它不具备审美价值。可是当你决定拍照时，是因为被景物或人打动，同时对拍摄对象的角度、位置、内容进行精心选择，尤其是还考虑到了构图的美感和文化意义，那么这样的影像就可以称作摄影作品。

另一个典型的例子是钻石和玉石。顾名思义，钻石也好，玉石也罢，其本质就是一种石头，然而当它们被赋予社会性的价值时，就得以脱离石头的本质，变成了美的事物。一块普通的玉石被精心雕琢之后，变成晶莹剔透的白菜形状，装进高贵典雅的木质盒子里，再添加一些历史和人文内涵，就变成了无法估价的珍宝。然而在本质上它就是一块石头而已，只是因为审美的价值而变得很特别、很珍贵。

还有枫树的例子。同样都是看见一棵枫树，植物学家看到的是高大的乔木植物，木匠看到的是一根好木料，但画家却看到了独一无二的美。之所以有这样的差别，是因为画家拥有艺术家的眼光，同时为这棵枫树倾注了人的情感。

所有艺术家都有这样的本领。为一棵枫树赋予特殊意义，为一张凳子添上人文内涵，为一朵小花加入情感韵味，使得这些自然的事物焕发美感，凸显存在的独特性，变得更有价值、更丰富，与人更亲近——经过艺术加工的事物，和其他同类不再有可比性，而是成为一种特殊的存在，就像是无法估价的珍宝一般。

❀ 用艺术家的眼光看自己

人也是一样的。如果你错误地以为"自然美等于不加修饰"，从而随随便便对待自己，不护肤、不化妆、不为自己挑选适合的服饰，也不去发掘你的"人文"价值，"雕琢"你的内在能力。那么，你很可能在用植物学家的眼光看待自己，仅仅把自己当作一个生物属性，和其他

万千女人是一样的。此时你有很大的可能会遇到一个用木匠眼光看待你的男人，他更关注你作为一个女人的功能性：漂不漂亮，会不会做饭，能不能生孩子。进而你和他在一起，缔结一段缺乏亲密的感情关系，过着不够平等和尊重的婚姻生活。

当你能用艺术家的眼光看自己，你将看见宇宙间独一无二的美好存在，因为你在用审美的眼光来看待自己，看待和你有关的一切，你也将不由自主地为自己花时间、花心思——就像艺术家雕琢他的作品。

在这个过程中，你将对自己产生深深的情感，能透过身体发肤欣赏美好而丰富的自己，你和其他女人之间将不再有可比性，因为你是无法估价的艺术品。就像画家没有视眼前的枫树为植物，而是在这棵枫树身上看到美，获得灵感——因为画家在这棵枫树上倾注了情感，并为它花了时间，用心地观察和了解它，在这个过程中，枫树和画家产生了某种内在的联系，成为画家生命的一部分。

正是因为画家把枫树视作特别的存在，并用自己的内心和双手去描绘它，呈现在画布上的枫树就变成了艺术品，有了审美的意义和价值。世间的枫树万万千千，可是这棵被视为艺术品的枫树却因此成为唯一的、独特的和不可替代的存在。

这本书的初衷，就是教你雕琢自己成为艺术品。

如果你愿意尝试本书教你的方法，有一天你会发现，你将超越女人的生物属性，拥有更多元、更宽广的内涵。你将拥有独一无二的内涵和无与伦比的美好，没有人可以定义你的价值。他们可以爱你、欣赏你、尊重你和陪伴你，为你的存在而赞叹，为你的风采而倾倒，为你的美好而着迷，但却不能衡量你、评价你、类比你、定义你，因为这世界上没有任何参照物可以比照你，你是唯一的，对他人和世界深具意义。

要成为这种像艺术品一般存在的女人，就要用艺术家的眼光来看待自己，用艺术家的心意来雕琢自己，发自内心地认识到：

真正的美必然要经过艺术加工，纯天然的事物从来都不是十全十美的。

从现在开始，请允许自己变美，并帮助自己越来越美。你可以从最简单的部分入手：观察自己的身体，了解自己的气质，认识自己的风格，然后给自己设计一个最能衬托你的美感的发型，每天给自己化个精致的妆容，搭配最适合自己的衣服再出门。

在本书的第二章里，有很多非常详细又便于操作的变美秘籍，你现在就可以跳过去了解它们，让它们为你所用。

2. 天生不是美女，也可以很女神

　　我和张海燕认识的那一年，她25岁，在一家小公司做助理，工作清闲，没什么压力，当然收入也不高。那时的张海燕皮肤有些暗淡，也不是很细腻，她有一对双眼皮不明显的大眼睛，鼻梁不算挺拔，嘴巴也不算小巧。在我的记忆里，张海燕常穿米色的连衣裙，她一点也不丑，却也跟漂亮不沾边。每次我们一起参加聚会，她都全程不说话，只要有男孩子走过去，她就紧张地把脸扭到一边。

　　后来，生活之手把我们送到各自的轨道。等到再次重逢，已经是5年后。

　　我去上海参加一个培训，张海燕说好了要来接我，却让我在虹桥火车站等了半个小时也不见人影。百无聊赖之中，我启动心理咨询师的职业病，开始观察视野范围内的人：吃着冰激凌的孩子，行色匆匆的商旅男，热烈交谈的情侣……啊，那个女人好美！她正一个人东张西望，戴了一顶枣红色的贝雷帽，肩上挂着同色系的包，长发垂在胸前，发尾还做了优雅的小卷，白色的长款毛衣，淡蓝色的窄腿牛仔裤，脚上的白色短靴和白毛衣相呼应。由于距离太远，看不清楚五官，但还是能隐隐感觉到，她化着精致的彩妆，皮肤水灵灵，眼睛扑闪闪。

我不禁心里感叹：上海的女人就是会打扮，真是又美又优雅。

然而，当这个美丽的女人越走越近，我认出她就是张海燕，我几乎是大呼小叫地奔向她，紧紧地拥抱她。除了久别重逢的兴奋，还有对她脱胎换骨一般的美的赞叹。没想到阔别五年，张海燕美成了电影中的女主角一般，就像是生活中的女神。

我后来知道，张海燕不只是看起来像女神，她早就是名副其实的女神了。彼时的她，在一家中型公司担任高级管理的职位，有着不菲的收入。此外，她还有两个有意思的身份，一个是舞蹈中心的兼职肚皮舞教练，另一个是国际性演讲团体的社群主席。

❀ 身体是你的一部分

读了张海燕的故事，你是否在心里嘀咕：升职、加薪、赚更多钱，这些可以通过努力工作去做到，可是从相貌普通的女孩变成电影女主角一样的大美女，还修炼出女神一般的高贵气质，这未免难度大了一点吧，那怎么可能呢？毕竟，小眼睛不可能变成大眼睛，塌鼻子不可能变成高鼻梁，大饼脸也不可能变成锥子脸啊！

我要说，这些嘀咕很有道理。人体的硬件系统确实不会短时间内发生改变。但是，你需要尽早知道的重要事实是：

身体并不是孤立存在的。

身体受情绪、思维和精神的影响，并且会在它们的长久影响下，缓慢地发生变化——但是让它变得越来越美，还是变得越来越丑，就要视你的选择了。

随着时日的推移，身体会慢慢变美或变丑，这个观点不新鲜，也不夸张。

远期有"相由心生"的古话，古人认为，一个人的相貌是由他内心的自我镜像生成的；中期有美国前总统林肯的言论，一个人四十岁前的脸由父母决定，四十岁以后的脸则应由自己决定；近期有科学家的研究成果，人们的内心动念、思维情绪会拉扯面部肌肉的走向，天长日久，这些肌肉就被固定在了某个地方，因而带来容貌的改变。

这真是值得我们进一步讨论的话题。

✿ 漂亮的进化论

或许你也曾注意到，无论是动物还是植物界，雄性总是比雌性漂亮很多，但在我们人类世界情况却是相反，雌性比雄性漂亮很多。

这是为什么呢？

动物世界里的雄性要得到繁衍后代的机会，就必须取悦雌性，他们要通过漂亮鲜艳的外表来赢得雌性的青睐。但在我们人类的世界里，情况却是相反的，女性有时需要用漂亮的相貌去取悦男性，赢得他们的爱恋和垂青，而这个情况至少持续了几千年。

同样都是负责取悦的一方，动物世界的雄性除了漂亮的外表，还可以通过筑巢、觅食、打架等能力赢得美人归。然而在我们人类的世界里，古代的女性如果想拴住男人心，却似乎只有漂亮这一个法宝。至于生儿育女、刷锅捣灶、操持家务，在赢得丈夫的爱这件事上，虽然重要，却几乎没什么实际意义。

被剥夺了独立生存能力的女性，必须依附于男人才能活下来。为了能活得好、活得长，就得拼命把自己变漂亮。这事关生死的愿望非常强烈，强烈到可以植入基因里。于是女人们一代又一代地进化，直至皮肤比男人还光滑，眉眼比男人还好看。

这才有了人类世界女性远比男性漂亮的奇怪现象。

或许你会觉得，这个漂亮进化论有些虚无缥缈，所以接下来我要跟你分享自己的故事。

雪萍的故事

我的脸型和身型都酷似我父亲，眉毛像他一样又粗又黑，下颌骨像他一样粗犷宽大，面部肌肉非常饱满，所以读书时我的外号一度是"肖苹果"。

25 岁之前，我的眉毛很不整齐，眉尾部分到处发散，覆盖了大面积的眉骨。但自从我学会化妆，把眉毛修得整整齐齐，尽量每天化了妆再出门，眉骨上的眉毛就很少再长出来，眉毛们也慢慢地变听话了。最初我需要每周修一次眉毛，要不就显得不精神，后来就变成每个月稍微修一下。到了十多年后的今天，我的修眉刀经常都是闲置的，只在极少的时候才用一下。

更有意思的是，现在除了我自己，再也没有人认为我长着一张大脸，起码人们不会把我和苹果联想到一起。而我也说不清，这个变化到底是从什么时候开始的。

再就是我脸上的雀斑。

这是家族遗传的雀斑，我的姥姥、姨妈、妈妈，还有表哥表姐，包括我的弟弟，在鼻子周围都有很多雀斑，有的人比较明显，有的人稍微淡一些，有的人面积大，有的人面积小一些。在所有人里面，我妈妈的雀斑最明显面积也最大，可想而知到了我这里，也是无法幸免的。我从青春期开始长雀斑，鼻子的位置最明显，其他部位就淡很多。

我曾经为自己的雀斑感到自卑，以至于我妈妈经常对我感到抱歉，觉得没能遗传给我好东西。但是后来，大约是30岁左右，我的雀斑越来越淡，淡到只要化一点淡妆就能遮盖的程度。我妈妈对此感到很诧异，因为一般来说，这种遗传性的雀斑是不会消失的，她就终生顶着一脸雀斑生活，各种祛斑霜用了个遍，用处也不是很大。

❀ 身体能听见你的心声

基于多年对人和潜意识的研究，再加上充分的自我探索，这些发生在自己身上的事，我有一番自己的解释和心得。

大约在七八年前，我就已经发现：

如果你发自内心地想变美，同时在行动上也帮助自己变美，当身体听到你的内在声音，感受到你对它的善意，它就会听从你的愿望，把自己变得美美的。

我的眉毛之所以变整齐，是因为我希望它整齐，同时我还持续地修饰它，帮它变得整齐；我的雀斑之所以慢慢淡化，是因为我希望它淡化，同时我也在积极地护肤和化妆，以便帮它在视觉上淡一些；我的脸型之所以不再那么饱满，是因为我希望它有所收敛，让我看起来精神一些……

时间一年又一年过去，身体听到我潜意识的指令，理解到我对它的善意，然后同意了我的愿望，自动地做出调整，来回应我和适应我。

人的潜意识不但能塑造眉毛和脸型，还能影响到身体的高矮胖瘦。比如一个排斥自己女性身体的人，可能会拥有一对非常平坦的乳房，因为这能满足她的潜意识愿望——让她看起来更像男人；又比如一个害怕显露性感、抗拒自己性征的人，可能会让自己长得很胖很胖，因为过多的脂肪将最大程度上掩盖她的曲线，帮她远离男人的目光；还比如一个在冷漠的、缺爱的环境中长大的人，很可能无法长成她应该达到的那个身高，显得非常矮小。

❀ 美和漂亮是两回事

你可能天生并不漂亮，却可以通过后天的努力变得很美。

美，是艺术领域的常用字词，是指某个事物传递的信息让人赏心悦目。我在前文说过，只有被人精心雕琢过的事物才能具备美感。美，是人们对天然事物进行艺术化之后所呈现的状态。

美带给人的感觉是和谐的、均衡的、赏心悦目的，是有着丰富内涵的，是耐人回味的，是由内而外闪耀着情感和智慧的。美的事物不会给人们带来感官刺激，它只是静静地自洽着，它只和懂得它的人相见相拥，然后一起沉入醉人的美感世界。

漂亮，是大众最常用的字词，是指某个事物让人感到炫目。它天生就已经非常完美，根本无须再为它做什么。由于它实在太光鲜亮丽，以至于让人无力关注它的内涵——人们讥讽漂亮的女性是"花瓶"，恐怕原因就在这里。这样的讥讽仿佛也暗示着，漂亮带有某种攻击性，比如香港媒体形容某些漂亮女明星"持靓行凶"。

漂亮的事物常常突出于周围环境，让人无法忽视它的存在，所以漂亮总让人觉得带有某种诱惑性，甚至是张扬的姿态。这是崇尚中庸的国人所不喜欢的姿态，因为漂亮会勾起人的欲望，让人心潮起伏，暴露人性里的黑暗、自私、贪婪等秉性。

对于女人来说，漂亮是基因决定的，是天生的，是可遇而不可求的；而美却是自己决定的，可以后天修炼，也可以创造和自我成长。

对于爱情和婚姻来说，漂亮是一把双刃剑。漂亮的外表能轻易吸引到众多狂热的追求者，然而有能力越过亮丽躯壳看到丰富内涵的追求者却是寥寥无几，这反而加大了漂亮女性择偶的难度，是非常考验眼力和智慧的。

对于内在自我的发展来说，天生漂亮的人要么因为得到过多赞誉和资源而迷失自我，误以为漂亮可以包打天下，忽视对能力和素养的塑造；要么就得使出九牛二虎之力，才能让人们看到她们一部分的能力和智慧。前者可能在中年时期陷入恐慌和失落中，因为她们将失去唯一有价值的资源；后者则时常被委屈和愤怒充斥，可能为了实现个人价值而怨恨自己的女性身份，因而进入一种心态的失衡中。

而那些天生不漂亮的女人，因为无须被外来的力量所累，反而有更多机会成为自己的样子，通过丰富的创造力去收获属于自己的幸福。随着年岁的增长，当她们更加了解自己，内在里也愈发有力量，再通过学习洞悉到美的真谛，一边发动潜意识的力量，一边动手帮助自己越来越美，成为由内而外散发无穷魅力的美好女子。

那么，要如何洞悉美的真谛，尤其是如何发现属于自己的美呢？

3. 每个人都有自己的美

　　我和王倩认识时，她刚好 30 岁，在一家互联网企业担任人事助理。但王倩的梦想是做一名演员或者歌手、主持人之类的文艺工作，她考过艺校，学过舞蹈，还曾经在电视台实习过，但她始终都没能从事自己喜欢的工作。王倩经常抱怨自己的外表，她认为自己是输在脸型上，她是非典型的菱形脸，颧骨高、额头窄、两腮宽、下巴尖。"我的脸型就是不够柔美。"王倩常说。

　　当我们一起逛街时，王倩只要看到瓜子脸或鹅蛋脸的女孩儿，就会羡慕地说："哪怕我有她们一半漂亮也好啊。"王倩曾经想过去隆胸，还拉上我一起去整形中心咨询，却被脑子里的血腥画面吓退了；后来她又想去削骨，对着镜子跟我比画半天，如果颧骨削掉一点，腮骨再削掉一些，就可以变成完美的鹅蛋脸。

　　值得庆幸的是王倩一直怕疼，所以没有受那些罪。

　　后来，她通过形象课程的学习，发现自己是很典型的戏剧偏民族的风格，只要把头发烫成大波浪垂到肩膀上，再戴上闪闪的大耳环，骨子里透出的迷人风韵简直让人无法挪开眼睛。

王倩再也不抱怨自己的长相，也彻底放弃了整容的想法。有意思的是，当她开始对自己满意，喜欢上自己的样子时，竟以34岁"高龄"打败众多竞争对手，成功应聘到一个视频平台做了节目主持人。

❀ 做自己的样子

亲爱的读者，我想通过王倩的故事告诉你，放下对自己的挑剔和不满意，换一个角度来重新认识自己，每个人都有属于自己的美，你也不例外。

做一个有辨识度的、像你自己的美女，比做标准美女的感觉更棒，也更有利于你感觉到幸福。

在我们父母和祖父母的那一代，大家都在努力把自己变得和别人一样，否则就没有安全感，她们害怕被认为是异类，被大家孤立和排斥。如果你是出生在二十世纪七八十年代的人，一定还记得小时候和同学相约同时穿裙子的事，在那个时候，大家都穿裤装而只有一个人穿裙子，是一件非常羞耻的事，就像裙子上不小心沾了经血还被所有人围观一样让人不自在。

但是到了现如今，一切都不同了。人们都在追求个性化，寻找自己的存在感和意义感。随便你什么时候穿裙子都行，如果有人敢大冬天光腿穿裙子，还会被认为是时尚呢。

仅仅只是三十多年，人们的价值观念就发生了翻天覆地的变化。随着心理学深入而广泛的发展，"成为你自己""活出你自己"这样的词汇越来越多地出现在文艺作品里，浸润在普通人的生活里。"走自己的路，让别人去说吧"不再只是励志语言，而是成为社会主流文化的一部分。

你可能还注意到，有人专门喜欢非主流的电影，搜寻小众冷门的音乐，以彰显自己的独特气质，强化对自我的认同感。比如民谣歌手赵雷走红后，有一条评论引发了很多人的共鸣："赵雷，这个我一直私藏的宝贝将不再只属于我，而属于大众了。"对于他们来说，通过喜欢赵雷，完成了对自我独特性的确认。再比如，有人以开玩笑的口吻说："如果因为下载盗版音乐被抓，希望狱警能按音乐风格将大家区分开，谢谢！"我们都能想象，如果狱警真有这样的政策，也许会有人为了宣告自己的音乐品味而故意顶风作案呢。

凡此种种，无一不在告诉我们，如今的主流价值观认为：

如果想得到幸福满足的人生，就要先聆听内心的声音，然后成为你自己的样子！

❀ 成为有特点的人

如果你能意识到时代的进步，那么——

不要再嫌自己的眼睛小了！

小眼睛刚好就是你的特点，你要做的不是千方百计把眼睛变大，而是要珍惜你的小眼睛——正因为你的眼睛小，所以你很适合化烟熏妆，让你的小眼睛更迷人更闪亮。

不要再嫌你的嘴唇厚了！

厚嘴唇让你别有一番成熟性感的韵味，让你显得落落大方，气场十足；厚嘴唇还会成为你的标志，让别人想到你，就会想到你的厚嘴唇。

不要再嫌你的鼻梁矮了！

矮鼻梁的人大多温和宽厚，有着天生的好人缘，笑起来显得调皮可爱，总能给人温暖亲和的印象，那其实是你的美的重要组成部分。

不要再嫌你的皮肤黑了！

皮肤颜色深的人不容易长皱纹和斑点，三十岁以后会显得比同龄人更年轻，而且皮肤颜色深的人总有一种独特的气质，给人一种神秘的感觉，有一种低调内敛的美感。

也不要再嫌你的腮骨宽了！

腮骨宽的人往往存在感都很强，会给人一种野性的美感，比较容易引起他人的关注和认同，且性格坚定，内心有力，更容易取得事业上的成功。

那些你认为的自己的缺点，很可能刚好就是你的独特的美的来源，是你的个人标志，你的重要组成部分。

如果你不懂欣赏自己天生暗沉的肤色，试图用过浅的粉底来遮盖，你可能会发现，这样非但不能达到变白的效果，还会让你看起来不整洁、不自然。可是当你能接受自己本来的样子，并懂得欣赏自己的美，世界都将为你而改变。因为当你看着镜中的自己，你会首先看到自己美的部分，看到他人无可替代的美好，你将用扬长避短法去修饰自己，把你的形象变成你的个人名片，无限发扬独属于你的美，让你的美更具特色、更有标志性。

这就像是做菜，优秀的大厨会尽量减少调味料，让食物保有它本身的色泽、香味和鲜味。这样当菜看出锅后，没有过重的油盐、酱油、五香粉的干扰，芹菜就能透着它本身的清甜，蘑菇也留着它自己的醇香。

从现在开始，让自己成为有特点的人吧，成为在人群里辨识度很高的人，让世界因为你的存在而更加丰富、更加美好。只有当你允许自己的美很独特，认同自己的美可以和别人不同，并把这些不同作为你的优势资源。那么你对自己的美的修饰才具有意义，你才能真正懂得如何让自己更美。

被埋没的帅父亲

亲爱的读者，此时此刻，你会不会对这些观点有些半信半疑呢？

因为在过去的很长时间里，你一直都非常在意自己的"缺点"，颧骨太高，鼻子大、嘴巴太大……说不定在你小的时候，还有人因此嘲笑过你，而这加剧了你对自己的不满意，也放大了你认为不完美的部分。

对此我要说的是：

为什么你从未怀疑过，那些人的审美能力很有限，或者他们其实是在嫉妒你呢？

朋友黄路讲过她父亲的故事。

黄路小的时候，经常从大人们口中听到对父亲相貌的评价，人们都说他长得极丑，因为他眼睛很小，嘴巴很大。母亲经常笑着说，她父亲的嘴巴大到可以一口吞下7颗枣——那很可能是真事。可黄路却从不觉得父亲丑，她一直以为那是"女不嫌父丑"的缘故。

及至长大以后，黄路发现自己有种奇特的审美——就喜欢那些长方脸、小眼睛、薄嘴唇的男人，觉得他们怎么看都是帅的，比如梁家辉和杜德伟。直至有一天，她在微信朋友圈看到一位朋友分享帅照，于是评论说："这张很像我爸年轻的时候。"随后她忽然想到：这个朋友蛮帅的，如果父亲年轻时跟他长得像，那是否意味着父亲也是个帅哥呢？

于是她赶快找照片来比对，这才惊讶地发现，父亲年轻时真的很帅，他的帅和梁家辉、杜德伟是一个风格，都是长而棱角分明的脸，浓眉毛、小眼睛，高高的鼻梁和薄薄的嘴唇。

黄路意识到，父亲年轻时被认为丑，是因为他的同龄人能读懂的"帅"种类很少。在当时的人们眼中，"帅"只有两种，一种是朱时茂式的浓眉大眼，一种是唐国强式的儒雅小生。在如今的审美眼光下，父亲的小眼睛和黑皮肤独具特色，让他看起来又温暖又深邃，然而在他年轻的时代，这不是特色，而是"丑"的代名词。

在音乐领域也有类似的例子。

在20世纪80年代，所有歌手都要求嗓音圆润、婉转动听，女声要甜美，男声要嘹亮，因为当时的歌曲只有民族和美声两种唱法。到了

90 年代以后，流行音乐兴起，大家不再喜欢那些标准化的声音，反而钟情独特的、个人化的声音了，这才有了王菲、梅艳芳、张学友等歌手的走红。如果用时光机器送周杰伦回到 1985 年的北京，恐怕所有的乐评人都会认为，像他这样的声音条件就不该梦想做歌手。

"丑"痣并不丑

另一个故事的主人公叫李素红。李素红觉得自己很自卑，虽然她的生活过得还不错，自己有一份稳定的工作，丈夫事业也挺好，有两个聪明可爱的孩子，但是在参与人际交往时，她总担心别人会在背后议论自己，并且都是一些不好听的话，尤其会说她长得丑，她脸上的痣难看。

有一天我们聊起这个话题，我问她：为什么不觉得这颗痣是你的标志，是你的个人风格呢？它让你显得很风情啊。她愣了一下，幽幽地说起小时候的经历。

读小学、初中和高中阶段，她和同村的一对堂姐妹走得很近，三个人每天一起上学，一起放学，在旁人眼中她们是非常要好的朋友。但是李素红其实很不快乐，因为那对堂姐妹经常一起取笑她嘴角的痣，说她天生是做媒婆的命，又说这颗痣预示着她贪吃，将来会变成大胖子，还说她这颗痣可能会克夫，最好做手术去掉。

这让李素红从小就觉得自己的痣超级难看，也感觉自己简直丑爆了。可是妈妈一直不同意带她去取痣。她就暗下决心等读了大学，有了自己的钱，第一件事就是去取痣。只不过当她真的离家读了大学，没有了两个朋友在旁边说她，她又没有取痣的冲动了。但她还是觉得那颗痣可能会让别人议论她，不喜欢她，这让她总是谨小慎微，小心翼翼，生怕让别人不高兴了，别人会嘲笑她的痣，让她难堪。

❀ 培养自我评价的能力

那些曾经嘲笑过你外表的人，要么是他们的审美能力实在有限，他们无力欣赏你的美，就像黄路父亲的同龄人看不懂他的帅，也像1985年的乐评人听不懂周杰伦；要么是她们嫉妒你拥有一些她们自己渴望却得不到的东西，因而不由自主地对你产生敌意，通过贬低你来找到她们自己的优越感，就像李素红的经历那样。

对于前者，你的态度最好是"你是白天，我是黑夜，你根本就不懂我的黑"，高傲地忽视他们的评价，去和真正懂你的人来往。而对于后者，索性还是远离，因为你根本就不需要这样的"朋友"。

你还可以跟着本书的指引，好好认识自己，然后重新定义自己，树立属于你自己的审美体系，拥有自我评价的能力，当别人的看法和你不同时，你不会轻易被别人带走，而是能够自我确认，稳稳地和自己在一起。那么无论别人是否懂你，都不会影响你对自己的看法和感觉，你都能够发自内心地喜欢自己、爱自己，成为内心强大、富有勇气的人。

4. 不完美本身也是一种美

茉莉是我多年前的一位同事。她是山东人，汉族，但祖上有一些少数民族基因，所以她的五官长得很立体，窄脸型、高颧骨，鼻梁又直又高，嘴唇总是抿得紧紧的，像是在保守什么秘密。她身材高大，喜欢穿各种阔腿裤，走路时步速很快，有一种潇洒的感觉。

总体而言她带有一种中性的气质，我一直觉得她的形象和名字不是很匹配。

我和茉莉分属不同的事业部，都是负责市场策划端口，为各自的老大工作，所以平时私底下的来往并不多，是礼貌地点头表示友好的同事关系。有一次公司组织户外活动，我和茉莉被安排到一个组里。在两天的全情合作中，我们建立了一些情感连接。在某次完成任务中，茉莉不小心趔趄了一下之后，用一种尽量很平常的语气对我说：这个瘸脚不太稳当，有时候就是会这样。

我刚开始以为她在开玩笑。直到她专门挽起裤脚，露出比右腿稍细的左脚踝，还特意放慢脚步示范瘸腿，我才知道茉莉的左小腿有天生残疾，所以走路时有轻微的跛脚。但比较特别的是，我一直都没有注意到这一点，虽然我认识她已经有一段时间了。

茉莉显然不相信我的话，她认为我是为了安慰她而假装惊讶。因为在她的成长过程中，实在有太多人嘲笑过她是瘸子，所以她才决意离开家乡，到完全陌生的地方工作和生活。也是这个原因，让她工作起来常常很拼命，因为她要向那些人证明，瘸子也能很优秀。

我感谢了茉莉的信任，并表示会帮她保守这个秘密。然而茉莉却说，她从未觉得这是个秘密，"我以为所有人都能看出来，我是个瘸子。"茉莉说。

我被茉莉的"以为"震惊了。

❀ 距离产生美

在茉莉的故事里，我意识到：

当别人看着我们时，都是从综合的、整体的角度来看的，只有我们自己才会从局部来看自己。

这个道理如此简单，却经常被人们忽略。

假设一头小绵羊来到你面前，当它距离你 5 米远时，你看到的是一头整体的小绵羊，你觉得它很萌、很软、很健美。可是如果它距离你只有 5 厘米，那么你看到的很可能是小绵羊皮毛上的尘土、杂毛和枯叶，说不定还会有那么一两颗小粪球。

　　这些瑕疵并不影响小绵羊的可爱，因为这是小绵羊的重要组成部分。如果小绵羊的身上有尘土、杂毛、枯叶和粪球，那意味着它是自由的，可以撒欢胡闹，有着蓬勃的生命力意味着它可以有机会长大，并得到繁衍后代的机会。相反，如果小绵羊的身上很干净，那么它很可能要失去体验这个世界的机会，因为它来到这个世界的使命只是被送上人类的餐桌。

　　我们距离自己的身体有多近呢？

　　答案：无缝对接。

　　我们所有人都住在自己的身体里，因此拥有呼吸的能力，能够奔跑、跳跃，并体验这世间的一切。那么同样的，当你拥有这些好处时，必然也要承受一些坏处——跟自己的身体无缝对接，让你只能看到自己身体的局部，然后还容易放大局部的不完美。

　　比如茉莉，由于她住在自己的身体里，就特别容易关注身体的某些瑕疵，并放大这个瑕疵的意义，以为所有人都像她一样高度关注这个瑕疵，和她一样为此介怀。

　　而她之外的人却是从远处来看她。

　　人们在看到茉莉时，不是只看她的身体特点，而是去看有关她的更广泛、更丰富的内涵。除了身体的高矮胖瘦和皮肤头发，还更多看到她的服饰风格和色彩搭配。然后人们的潜意识就发动起来，不由自主地解读这些服饰所传达的信号，这些信号将被纳入茉莉的整体形象中。所谓整体形象，就是茉莉的内在特质，诸如音容笑貌、言谈举止、职业特征、性格能力等。也就是说，在别人眼里，茉莉是个非常丰富的存在，不会像茉莉一样过于放大自己的某个局部特点。

当茉莉夸大身体的某个局部瑕疵时，是把自己当作一张静态照片来看待，用身体的局部代言自己——似乎她是瘸腿，瘸腿就是她。但现实并不是那样的，因为别人总是把她当作动态的视频来看待。这个视频除了有流动的画面，还有丰富的声音，还在不断地发生变化，同时也向观者传达丰富的情感。

当人们和茉莉建立关系，是和茉莉整个人产生连接，而不只是她的身体，更不是身体的某个局部瑕疵。比如当年的我，更多关注到了茉莉的潇洒气质，并未注意到她的腿。也许换一个人，会注意到她的利落短发；又换一个人，则优先关注到她的敬业态度。当然，也会有人注意到她微跛的左脚，然而即便如此，那个人也不会只看到她的脚，而是同时能看到她的坚强和专业能力。

当茉莉可以把眼光从小腿移开，能从整体的角度来看自己，她会发现自己拥有世界上独一无二的美。

她没有被残疾的小腿困住，而是努力考上当地最好的大学；大学毕业后她没有留在当地做公务员，而是只身跑到深圳打拼；到深圳后她没有满足于一份工作，而是不断提升专业能力，成为知名广告公司的市场经理。

茉莉确实不算漂亮，然而她在人群中却非常有辨识度。

每当全公司开大会，她总是人群里存在感最强的那个人，她把阔腿裤的美演绎得淋漓尽致，我再没有见过第二个像她那么适合穿阔腿裤的女人。阔腿裤能充分展现她潇洒利索的个人风格，也完美地盖住了她小腿的天生缺陷，所以她是个聪明智慧的女人，也是个很懂美的女人。

如果茉莉能发现她的美，然后绽放她的美，那么她将拥有更加灿烂的未来。

辨识度产生美

大部分人都不会像茉莉一样遭遇身体残疾，但很多人都会对自己的某部分——腰围、脸型、眼睛、鼻子等——感到不满意。

比如我的一个女朋友，她非常介怀自己的四环素牙（20 世纪六七十年代之前常见的因药物导致的牙齿变色），后来下定决心去做了牙齿美容，然后见人就露出灿烂的笑，让朋友们猜她哪里不同了。然而让她颇感失望的是，大家盯着她看半天之后，有人说她割了双眼皮，有人说她垫了鼻子，还有人问她是不是打了耳洞。

人们总想成为完美无瑕的人。在她们的幻想里，如果改变了某个不完美的身体部分，她们就会变成另一个人，一夜之间收获爱、财富和成功，进而走上人生巅峰。很多痴迷于整容的人大抵都是这样的心理。

然而她们最终会发现，这种聚焦于抹掉自我个性的想法，终将让她们与成功失之交臂。

这是我童年时期听过的一个故事。

一个女人被电影导演看中，热情地邀请她饰演某个重要的角色。女人非常兴奋，决意好好抓住机会成为演员，改变自己的命运。她回到家以后对着镜子看自己，觉得自己的五官还算过得去，唯独牙齿不好看，不笑还好，笑起来就能看到突兀的龅牙。她决定去看牙医，以便让自己看起来更漂亮一些。

故事的结局你大概已经猜到，当导演再次看到她时非常失望，因为她不再适合那个角色。原来，在特效化妆技术不发达的 20 世纪 80 年代，龅牙竟是一种独特的优势资源。

类似的故事还有西方的维纳斯雕像。

雕像最明显的特点是没有双臂，日本小说家清冈卓行说她"为了如此秀丽迷人，必须失去双臂"。一句话透出维纳斯雕像成为美的象征的原因：

美的事物，通常都是独具特点的事物。那些看起来不完美的部分，恰好就是事物的美妙所在。

如果维纳斯雕像拥有双臂，就外表来说她确实完美无瑕了，然而这样的完美也使她变得普通，和其他任何一座雕像没有差别。她因为完美而失去了独有的价值，再也无法引人注意，被遗忘在公园的某个角落里。

这也让我想到近些年来中国女演员们的"壮举"——很多人都在忙

着削骨磨腮，导致荧幕上都是锥子脸、大眼睛和圆圆的苹果肌。

我经常感叹，我们真的有必要补上审美教育这一课。

当人们缺乏科学的审美素养，就会不顾现实条件的局限，一味追求漂亮的外表，而忽略了对整体美感的塑造，把漂亮等同于美，也忽视了身型面相和内在性格有天然联系的事实。鹅蛋脸和瓜子脸的身体里，通常都住着性格柔和、温婉沉静的个性，而高颧骨宽下颌的长方脸则有着雷厉风行的领导者气质。然而在很多国产电视剧里，性格霸气十足的人却顶着一张小巧的瓜子脸，给人吃怪味豆般的违和感。

漂亮的女人千篇一律，美的女人却各有各的特点。漂亮会随着年岁增长而慢慢消逝，美却会在岁月的沉淀里历久弥香。

亲爱的读者，你也一样拥有属于自己的美。

请务必相信，你的美就住在你的身体里，睡在你的内心里，它们正安静地等着被你看见，被你拥抱，然后和你深深地结合。你将发现正是你的不完美而让你独具美感，正是你认为的"缺陷"而使你成为自己的样子。

第二章

活出属于你的美

1. 要变美，先从看起来很美开始

如果把"变美"看作一个工程的话，你一定想知道这个工程该如何开始第一步，具体怎么操作，而不是像鸡汤文那样，一堆理念，满篇观点，可是仍然不知道具体要怎么做。鸡汤文和心理学最大的差别就是，前者由让人感动的观点和故事组成，而后者则除了观点，还有一系列解决问题的方法。

关于"变美"工程，我要向你介绍的第一个方法是：

用正确的方式化妆，搭配好看的衣服和饰品，认真打理你的头发，经常提醒自己保持好的身形体态，姿态优雅地坐卧行走。

这是帮你变美的最重要方法之一，也是最容易去做，现在就能立刻开始做的第一步。当你的外表和身体呈现美好的状态，你的内在感觉也会做出相应的调整，慢慢地你才会成为真正的女神——拥有女神的气质、女神的思维、女神的感觉、女神的情绪和情感。

这个建议并不是凭空而来，也不是从经验中来，而是有心理学原理在背后做支撑的。

美的边际效应

假设某天你穿了一件非常喜欢的衣服，它面料考究，剪裁合体，很能衬托你的气质，穿着它让你看起来高贵优雅，气度不凡。

那么你会发现——

每当穿着它，你心里的感觉都会很舒服、很自信。

每当穿着它，你都会不自觉地对别人更友好更礼貌，对这个世界的满意度也有所提升。

每当穿着它，你还会不由自主地避免去脏乱差的环境，因为你怕不小心把它弄脏了，或者被什么东西给剐坏了。

你还会发现，每当穿着这件衣服，你都会不由自主地挺直腰板，让自己尽量举止优雅。因为这种剪裁很棒的衣服，就像是会说话，就像有一种神奇的力量，让你主动想调整自己的身体和心理状态，去和它呼应，去和它相配。

与之相对应的，如果你穿了一件自己很不喜欢的衣服，它可能有些起球儿脱线，腋下有一些变色，而且款式已经过时了。你会觉得，当你穿着它，不管去哪儿，做什么，你都不会心疼，不怕弄脏它，也不怕把它弄皱了。反正它都那么旧了，万一弄坏了就丢弃它。

当你穿着不喜欢的衣服出门时，可能会情绪低落，也不会太在意自己的仪态，很可能随便往什么东西上一靠，管它三七二十一，只要舒服方便就好。站累了？那就蹲坐在地上嘛，要去沾满灰尘的破库房里？没问题，反正这个衣服也不怕脏，因为随时可以扔掉它。

你穿的衣服，和你的心理感觉、自我认同、言行举止和表情仪态息息相关，它们之间会互相影响和促进。

❀ 美和自我一致性

我看过一个 TED 演讲，演讲的主题是：用颜料夺回城市。演讲者讲述了通过美化城市的外部环境：拆除违章建筑，大量栽种绿树，为旧的建筑物涂上美丽的颜色等，使城市里的不文明行为逐渐减少乃至消失。之后，城市里不但乱丢垃圾的行为减少了，犯罪率也明显降低，城市空间变得井然有序。美好的环境让人们产生了归属感和自豪感，各种文化艺术活动开展起来，一派欣欣向荣的活力景象，经济也得到了蓬勃的发展，人们的生活也越来越幸福了。

亲爱的读者，你大概也在好奇：环境的美化，为什么会有这么神奇的力量，竟然能改变社会公众的行为？提升一座城市的活力和竞争力，甚至改变一个国家的经济水平？

其实，个中原理并不深奥，那就是人的潜意识中，都有自我一致性的心理需求。

自我一致性是心理学领域的重要概念之一。所谓自我，就是一个人对自己的存在状态的认知，也是一个人对自己在社会上的角色和位置的评价。所谓自我一致性，就是一个人此刻正在发生的行为和内心活动，与她对自己的认知是一致的。

追求自我的一致性，是人类与生俱来的自我本能。

比如，你认为自己是一个有礼貌的人，所以当你看到自己彬彬有礼地说"谢谢"，你就会比较心安理得，因为那是正常的自然反应；可是当你看到自己很粗鲁地对别人说脏话，你可能会对自己感到惊讶，还会有一些紧张不安，内心受到阵阵冲击。因为后一种情形和你对自己的认知明显不一致。

那么对于普通人来说，当他们身处脏乱差的环境时，心理状态和言行举止也会不自觉地调整到与环境相匹配，而当环境变得整洁美好时，这个心理机制也一样会被调动起来。这个现象在日常生活中其实很常见，哪怕是一个非常不讲究的人，只要走在明亮洁净的地面上，也不好意思再丢垃圾和随地吐痰了。

人类的潜意识总是在环境中寻求平衡、和谐和一致性，处在这样的环境中，能让人体验到安全感。

潜意识无时无刻都想为自己的行为做出合理解释，以便让自我保持尽可能一致性，以缓解内心的紧张和不安全感。如果有不一致的地方，潜意识就会不停地追问：

我为什么这样做？

我这样有道理吗？

我这样是对的吗？

我的行为可以被接受吗？

我到底是什么样的人？

这些追问会让人陷入焦虑和心理冲突里，让人陷入自我质疑的状态里，严重时可导致自我的崩溃。

那么你就能理解，为何当人们穿着自己喜欢的衣服时，会感到心情愉快，然后不由自主地昂首挺胸，更愿意去环境雅致的地方。因为喜欢的衣服与愉快的心情、自信的体态、环境优雅的空间是一致的。同理，讨厌的衣服与沉闷的心情、松垮的体态、乱糟糟的环境也是一致的。

如果是不一致的情况，比如穿着很喜欢的衣服去乱糟糟的环境，或者做出弓腰塌背的样子，潜意识就会发出警钟，让你感到紧张、尴尬、奇怪，进而不由自主地终止相关行为。人总是不由自主地调整言行举止、表情体态和自我状态，让自己和服饰保持一致性。

所以——

你穿的衣服和你的心理感觉、自我认同、言行举止和表情仪态息息相关。

外在形象的美好，会带动你内在的感觉、自我、情绪等各个方面也慢慢变得美好，它们彼此之间可以互相影响和呼应。

❀ 美和良性循环

美国的研究人员发现，人的决定可能根本性改变自我认知和自我评价，试图把当下的决定与自我认知和自我评价保持一致。这个研究结论发表在美国的权威期刊 *eLife* 上。

如果把这段话通俗易懂地翻译一下，那么它是在说：

如果你当下做出了某个选择，并因为这个选择而有了某种内心体验，这个体验促使你对自己有了新的认识，那么你可能尝试假定这就是你本来的样子，并修正你以往对自己的认知和评价。

那就意味着，如果经常穿着最能衬托你的美的服饰，化着精致的淡妆出门，然后遇到各种美好的人、事、物，并给你带来愉快的、幸福的、自我感觉良好的内心感受。那么潜意识会假设：

我本来就是那么高雅，那么精致，那么得体，尤其是，我本来就是那么受欢迎、被爱和被欣赏。

潜意识会默默地认为：

过去我之所以没有得到这些美好的部分，是因为那时我还不够了解自己，没有活出真正的自我。

你将因此走上良性循环的道路：

美好的形象 → 积极的内心体验 → 积极的环境反馈 → 修正过去的自我认知 → 形成新的自我 → 美好的形象

✿ 美，需要内外谐和

理解了潜意识的运作原理之后，你还有什么理由不为自己打造好的

形象，让自己尽量出入美的场所呢？

因为——

美好的外在形象会助力你一生的幸福！

要让自己看起来很美，仅仅穿着漂亮的衣服，是远远不够的。你还需要让那件漂亮的衣服，真正适合你，贴合你的气质，让衣服服务于你，衬托于你，为你的形象增光添彩。所以你还需要了解你的骨骼轮廓，了解你的天生肤色，确定你的风格类型和肤色属性。

本章后面的部分有详细介绍服饰风格、色彩搭配、发型化妆等知识，你可以提前跳过去阅读，但是我要提醒你：

对于变美工程来说，外在的方法非常重要，内在的准备更加重要！

这也是本书在介绍具体的化妆和服饰搭配技巧之前，先花这么多篇幅进行铺垫的原因——如果你还没有准备好活出自己的美，也没有认识到美的重要性，那么很多方法即便你学了也不会去使用。

只有当你认同自己可以美，允许自己活出美，尤其是成为有辨识度的、独一无二的美女，那些具体的方法才能真正发挥作用。

只有当你发自内心相信，让自己看起来很美非常非常重要，你才会真的重视这件事，也会愿意为自己花更多的时间。

慢慢地你就会发现：

当你开始关注自己——无论通过形象学还是心理学——你的生活会逐渐被好人好事所包围，有很多心想事成的现象发生。

2. 穿对风格款式，让你更像自己

为什么说穿"对"了风格款式，会让你更"像自己"呢？就从我经历过的一件事讲起吧。

那是某珠宝品牌慈善答谢宴会。在高雅的宴会厅里，人们拿着红酒杯来回走动，寻找着和自己脾味相投的人。突然，交流声变小了，作为有着15年经验的形象设计师，我条件反射地望向门口。

果然，门口走进来一位非常吸引眼球的女士。她穿着一件苹果绿的礼服，粗细适中的绿色腰带和手里的墨绿色手包互相辉映，脚下的裸色高跟鞋和亚麻色的波浪卷发形成呼应，她身姿轻盈地款款走来，淋漓尽致地诠释着"精致、优雅"两个词汇的内涵。那一刻，她无疑是整个宴会厅的视觉焦点，所有人都被她的魅力倾倒，都渴望走上前去认识她，和她有所交集。

后来我才知道，她叫王潇，是一家服装品牌的总设计师。王潇这身绿色系的同色搭配，让我想到两个词：精致、优雅。按照色彩的视觉效果来说，红色、黄色、橙色才是最吸引眼球、刺激感官的颜色，但是王潇却凭借一身绿色吸引了现场所有人的目光，秘诀就在于她的搭配和自身的风格气质无缝融合，每一件单品都恰到好处地烘托了她的脸型、体态和神韵，让她浑身上下都散发出自己特有的美。

既然穿对风格如此重要，接下来就让我们好好聊聊关于风格。

形象风格的价值 ✳

亲爱的读者，你是否曾经历过如下两种情形？

①同样的一件衣服，穿在闺蜜身上就是比你穿着好看。

②在杂志上看了模特的搭配，你非常喜欢，可是买回来穿在自己身上时，却根本不是那个效果。

面对这令人失望的局面，你通常是如何归因的呢？我知道有些人可能会认为是"闺蜜更加漂亮（气质好、身材好），所以穿着好看"，还有些人认为是"我撑不起衣服，不如模特有气场"。

这些是非常错误的归因。

真正的原因很可能是，这件衣服的风格和你的气质风格是冲突的，但是却和你闺蜜（杂志模特）的风格一致或接近。

一个人的服饰搭配，要结合自己天生的风格气质，才能穿出神韵。

也许你会有点困惑，因为风格、气质、神韵这些词，听起来更多是一种状态，一种模糊的感觉，很难形成画面来理解。

❀ 什么是风格呢

风格，是风度和品格的合称，形容一个人独特于他人的形象气质、性格、行事作风等的表现。

如果把人看作存在的整体，那么一个人的风格，就是她的性格、思想、情感、态度等内在自我和衣着打扮、发型妆容、言谈举止等外在形象的统一。

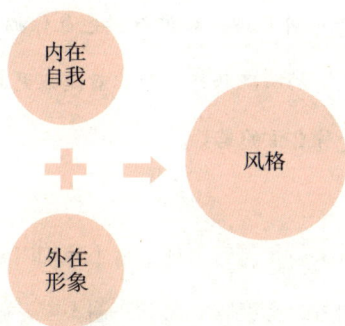

内在
自我

＋ →

风格

外在
形象

当我为客户和学员诊断风格时，除了要观察她的相貌、身高、骨骼等身体特点，还要跟她交谈，了解她的职业和大概生活经历，观察她的性格、眼神、表情，以及她带给我的感受，综合很多信息才能得出相对准确的结论。

如果你熟知自己的风格，同时又学习了服饰风格的原理和规律，那么你非但不会再和闺蜜比衣服，不再盲目模仿时尚杂志，跟风流行款式，还将为你带来如下三大价值：

①买衣服时降低买错率。减少因屡屡买错而带来的挫败感，还能大大节约时间、精力和金钱。

②最大程度上展现你独特的气质。在工作和生活中，通过外在形象快速传达你的性格特点和处事风格，无须让别人花费心思来揣摩你，让别人和你在一起相处时，莫名地感到舒适放松、有安全感，因而对你产生基本的信任感，这对你的人际关系大有裨益。

③提升你的气场和影响力。当你的外在形象和内在自我相对一致时，会让你浑身透出一种舒适、和谐感，也让你拥有某种内在的力量，一种"活出真实自我"的心理状态，让你看起来更富有人格魅力和吸引力，向周围人传递一种自信的感觉。

说了那么多，其实就是想告诉你：接下来的内容对你非常重要。请你一定认真仔细地研究、琢磨，如果读一遍不够，就读两遍、三遍，直至你笃定了自己的风格类型，掌握了服饰搭配的基本原理，面对琳琅满目的漂亮衣服，可以很快知道哪一件是你的菜。如果读了两三遍以后，还是感觉有不理解的地方（那也是正常的，毕竟每个人都不同），索性就找芯语老师聊一聊。和心理咨询比起来，形象咨询最大的好处是效果立竿见影，且无须投入那么多金钱和时间。

形象风格之轮廓曲直 ————————————— ✳

在做自我风格诊断之前，你需要先了解风格的三个属性：轮廓、量感、比例。这三个词汇有着非常丰富的内涵。

轮廓，就是一个物体形状的边缘或外形线。

人的身体也有边缘和外形线，所以人也是有轮廓的。形象学把人体的轮廓划分为三种类型：直线型、曲线型、中间型。

也就是说，有些人的身体轮廓呈现曲线感，另一些人的身体轮廓则呈现直线感，还有一些人的身体轮廓看起来有些曲线感又有些直线感，属于中间状态。

曲线型（图片来源：温馨）

直线型（图片来源：温馨）

曲线

直线

第二章　活出属于你的美

　　严格意义上来说，没有哪个人的身体轮廓是绝对的"直线型"或绝对的"曲线型"，就像没有哪个人的皮肤颜色是绝对的黑或者绝对的白，也没有哪个人的性格是绝对的外向或者绝对的内向。一个人身体轮廓的曲直、肤色的黑白、性格的内外向，都只是相比较而言。

　　世界上并不存在标准化的人，每一个人都很不同，我们要带着开放的眼光和心态去了解和欣赏每一个人。

　　当我们在评估身体轮廓的曲、直时，所依据的是自己的直觉和视觉感——即这美好的身体是丰腴的、圆润的、曲线的感觉，还是有棱角的、骨感的、直线的感觉，或者是两种感觉都兼具，全凭你自己主观的感受、直觉和联想，并没有标准化的绝对的公式来套用（当然还是有一些典型特点可以作为参考，后文再来细谈）。

　　个人形象设计归类于生活美学范畴。虽说有一些技术在里面，但整体来说这门学科更偏向艺术化，要掌握这门知识，领会她的精髓，需要你调动自己的感受力和想象力，还需要你有一定形象化和意象化的能力。当然这些能力都是可以训练的。少数人天生就懂得怎么搭配衣服，但大部分人都需要经过后天的学习和练习才能逐渐掌握。就像少数人天生就擅长绘画，可是大部分人却需要从基本的素描、色彩学起。

形象风格之取象比类原理 ———————— ✳

身体轮廓的直线型、曲线型和中间型，分别有着什么样的特点呢?

❀ 形象风格之直线型轮廓

如果你是直线型人，那么你会给人留下骨感美的印象。也就是说你头面部的骨骼感会比较明显，脸型和颧骨有立体感，五官棱角分明，让人感觉很有力度。你的体型也会比较平直，比如肩膀是平直的，胸、腰、臀的曲线不太明显，身体的整体形态看起来比较偏向 H 型。

直线型人的性格很直爽，逻辑思维能力很强，说话不太会绕弯子，做起事情来雷厉风行，有很强的行动力和目标感。她们原则性很强，在工作的完成度上要求很高，所以做事情也非常严谨，有时甚至到了严肃的地步。但她们大多都不是情绪化的人，所以在处理问题时经常都是对事不对人。

取象比类，是古人研究世间万物时的一种观察和思考的方法。具体来说就是，仔细观察研究对象的状态，然后总结（取）某个部分的特点（象），再按这个特点的性质进行区分和排比，把不同事物的相同属性归拢到一起（比类），以便来研究万事万物之间的联系和互相作用。

这个研究方法一直被运用在易经和中医里。但在我看来，这个方法同样适用于形象设计。当我们在为自己进行服饰搭配时，基本上就是遵循如下原则：

直线型人配直线感的衣服和饰品，曲线型人配曲线感的衣服和饰品，中间型人则二者皆可驾驭，或曲直结合的服饰。

原因很简单，虽然人和衣服饰品是完全不同的事物——人是生命的存在，有情感有思想，随时都在变化，而衣服是物质的存在，没有主观体验，是固态不动的，但两者之间却拥有相同的属性。有些人的身体长得比较平直，而有些衣服的设计也有直线的特点；有些人的身体长得比较圆润，与之相对应的，有些衣服的设计也有弧形的特点。将它们穿在身上后，会让人产生不一样的视觉感受，直线型人穿直线形服装更适合，曲线型人穿曲线形服装更好看，中间型人穿曲直适中的服装更和谐。

 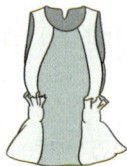 

曲线型　　　　　　中间型　　　　　　直线型

从这些角度来说，衣服和人确实也有可以比类的地方。

理解了取象比类的原理，你可能就会知道，如果你是直线型风格的人，职业装一定是你最得意的类型，只要款式选对了，随便往身上一穿，你天生的知性干练、运筹帷幄的气质立刻就能尽现。一般来说，直线型人本身也很喜欢偏中性的服装风格。可想而知，那些直线型设计的衣服、包包、鞋子就是为你量身打造的，你尤其适合穿着重裁剪轻装饰的衣服，因为这样最能匹配你直来直去的形象和性格。

✿ 形象风格之曲线型轮廓

曲线型恰好和直线型人相反，你给人的第一感觉是偏肉感，因为你的骨骼感不明显，就是民间常说的"小骨架"。你可能会有一张圆润饱满的脸，脸型和颧骨都被包裹起来，不容易看出来，这让你的五官总是透着一种柔和感。你的身材通常会呈现 S 型，"前凸后翘"这个词用来形容你这样的女人真是太贴切了。

如果你是曲线型人，那么你通常都显得很有女人味儿，性格里有很多温和、柔软、感性的部分，这让你在人际交往中总是富有弹性，说话很委婉，很少直接拒绝别人，经常给人留下"好相处"的印象。在工作上，你关心人的感受多过关注具体事务，所以你在工作上很能得人心，在生活中会交到很多朋友，因为大家都喜欢跟你在一起。

你可以把那些有着曲线元素的衣服全部挑出来，比如荷叶边、皱褶、蕾丝等，整体感呈现出唯美、飘逸的形态，给人柔和的、舒服的感觉，这些衣服只要穿在你身上，就能立刻大放光彩，因为它们既能和你的身型特点相互辉映，又能和你天生温柔、感性的性格无缝融合。更何况你本身也会对女人味浓郁的服装情有独钟。

✿ 形象风格之中间型轮廓

中间型轮廓的人是什么样的呢？你的面部轮廓通常显得圆中有方、方中带圆，身材也是既有圆润的曲线部分，也有平板的直线部分。你可能是穿着 A 罩杯的太平公主，却拥有一个圆润性感的臀部。你可能有一副圆润肉感的肩膀，同时却又有着非常明显的锁骨。这些相反的身型特点同时出现在你身上，却一点也没有违和感，还让人觉得又和谐又舒服，当然前提是穿对衣服，佩戴合适的饰品。

作为一个中间型人，你的性格也经常处于中间状态，与人相处时可能没有柔情似水，但也不会显得多么犀利，你对一切事物都保持自然、随意的心态，很少有大起大落的情绪，你的生活也大多处于比较稳定的状态，很少做什么激进的决定。所谓的"中庸"，大概就是说你这样的人吧。

你应该已经猜到了，中间型轮廓的服装款式会比较适合你，也就是那些曲中有直、直中有曲的款式设计，比如衣服款式是曲线型设计，但衣服的材质却是棉麻类的粗糙面料。或者是直线型的款式设计，但面料却是柔软的天鹅绒、真丝等，又或者是直线型的款式设计，却有着蕾丝、荷叶边等曲线的装饰元素。

形象风格之量感 ✳

现在让我们进入风格的第二个概念：量感。

量感，就是视觉或触觉对各种物体的大小、多少、长短、粗细、厚薄、轻重等量态的感性认识。人的身体样貌也可以用量感来进行分类，换言之，虽然所有人的身体都由脑袋、四肢、躯干组成，但是人体在细节构造上却是千差万别。比如有些人的头发又黑又粗又多，可是另外一些人的头发却天生就又黄又细又少，相对应的，可能前者长着高颧骨、宽下颌和大嘴巴，而后者却长着几乎没有骨骼感的小脸蛋、尖下巴和小嘴巴，那么我们可以说，从她们传递给我们的视觉感来看，前者的量感较大，后者的量感较小。

相比起人体轮廓的概念，人体的量感很容易理解，也比较容易区分。你只需要搭眼一看，只是凭自己的直觉，就能大概知道这个人的量感。

如果你身形高大，脸型的骨骼感也偏大，

大量感

中量感

小量感

（以上3幅图，图片来源：温馨）

第二章 活出属于你的美

051

五官看起来也显得大，你整个人自带一种强烈的存在感，那么你无疑就是大量感的人；如果你身型娇小，脸型的骨骼感也偏小，同时你的脸型和五官也显得小巧精致，那么你肯定就是小量感了；如果你是中量感，就会很容易辨识了，"大小适中"就是你的关键词，身材骨架大小适中，脸型大小适中，五官也大小适中。

地理、气候、文化环境等因素对人体的骨骼结构和相貌有一定的影响。我观察到，祖辈在海拔较高的高原地带的人颧骨比较高，祖辈在海拔低的地带的人脸型相对平直一些。出生于北方地区的女性大量感偏多，而南方地区的女性小量感居多，出生于中原地带的女性则中间量感比较多。不过总的来说，中国人的体貌大多都是中量感的。当然，这些也只是概率，而非绝对。

值得一提的是：

进行整体风格的评估诊断时，面部轮廓比身材体型的权重更大。

根据"取象比类"原则，大量感的人适合穿大量感服饰，小量感的人适合穿小量感服饰，中量感的人当然适合穿中量感服饰。

大量感　　　　　　　中量感　　　　　　　小量感

图片来源：《手绘服装款式设计与表现1288例》

注意：

服饰的量感大小和服饰的尺寸大小是两回事。

量感是这件衣服带给你的视觉和心理感觉，而尺寸却是一件衣服在现实层面的物理属性。比如一件短款的牛仔外套，尺寸非常小，穿在身上会露出整个腰部，但是它却有着宽大的领子，衣身还印着大大的字母，你一定会觉得这件衣服的视觉效果有些夸张，所以，虽然它尺寸很小，却是大量感的衣服。

形象风格之比例 ✳

现在让我们来谈谈风格的第三个概念：比例。

比例是一个多义词，在很多领域——数学、美学、统计学、工程学等——都有使用，我们这里所谈的是美学范畴的比例，即面部五官和各个部位间的对比关系，比如眼和面部的比例关系，躯干和四肢的比例关系等。

人的相貌和体型也是有比例的。

当我们说某个人身材很好时，其实是在说她身材比例比较符合美学标准，即符合"黄金分割"定律，而中国传统的古典美女大多都是标准的鹅蛋脸，是"三庭五眼"的标准比例。当一个人的相貌和体型比例接近标准时，就会给人留下精致、和谐、舒服的印象；反之，当一个人的相貌和体型比例不标准时，就会给人独特、另类、与众不同的感觉。后者可能会显得额头过窄或过宽，颧骨过高或过低，眼睛过大或过小，嘴唇过厚或过薄。

没有学习过形象美学，对于美的理解过于狭窄的人，可能会不假思索地认为，"美人"的称号只属于五官接近标准比例的人，同时也以为偏离了标准比例的五官是不美的、怪异的，甚至是丑的。

这种对美的认知是非常局限的，也可以说是错误的。

美是没有边界的，也根本没有标准可言，但美确实有着一定的规律。

标准比例的美，体现的是和谐的、精致的美；而非标准比例的美，体现的是独特的、时尚的美。当然前提是她们充分了解自己的美，拥抱自己的美，懂得欣赏自己的美，掌握服饰搭配的基本原则，并找到适合自己的穿搭风格。

根据取象比类的基本原则，标准比例的人适合穿相对规则、对称的服装，而非标准比例的人适合穿不规则的、不对称的服装。只有这样，才能使她们达到人衣融合的效果，而不是人和衣服格格不入。

想要了解自己属于哪种比例的美，你可能需要更多时间慢慢去认识和定位自己。接下来的风格自我诊断法将帮你更加深入地认识自己的美。

✿ 自我形象风格诊断

在众多自我风格诊断的方法里，我首推"明星参照法"，这也是我在做形象讲座时经常使用的方法。所谓明星参照法，就是通过观察明星、名人的轮廓、量感和比例，再比照自己的情况，找出各种特点和你最接近的明星、名人，参照她的形象照来预判你自己的风格类型。

之所以说"预判"而不是"确定"，是因为每个人都是非常丰富、非常独特的，如果你只是在做自我诊断，没有专业形象设计师的帮忙，那么你最好不要急于给自己下定论，而是采取较为开放的态度，即：你可能、也许、大概和某某明星是相似，或者是接近的风格类型，至于你到底是哪个确切的类型，还需要你在日常生活中，进一步去观察、探索甚至试错。

我推荐你用"明星参照法"进行风格的自我诊断，一是因为明星大多长得很典型，也正是因为她们突出的个人风格，才会给大众留下深刻的印象，进而成为明星；二是我已经为这些明星做过专业评估，方便你结合自己的主观体验来学习每一种风格类型的特点；三是网络上到处都有明星们的资料，可以随时获取她们的图片和视频，非常方便你做比照和自我诊断。

明星风格类型第一种：性感浪漫型。特点：大量感、曲线型、标准比例。

代表明星：田海蓉、钟丽缇、范冰冰等。

她们是大量感／曲线型／标准比例的性感女神，也有人说她们是浪漫型风格。人们通常会用性感迷人、成熟华丽、女人味十足这些词来形容她们。

这种风格类型通常有两种脸型，一种是偏大号的圆型脸，另一种是偏大号的椭圆形脸。她们的脸型从额头到下巴，整个面部轮廓都很圆融饱满、轮廓流畅，面容五官显得很大气，有一双就像会说话的眼睛，透着妩媚迷人的神采，有着比一般人都略厚一些的嘴唇，花瓣一样的弧形唇线，更是让嘴唇显得饱满圆润。她们的身材一般是呈 S 形，胸、腰、臀曲线很明显。

说到浪漫，你可能会联想到唯美梦幻的画面。但是在这里，"浪漫"只是一种风格气质的代名词，这类风格的女性，她们大多有着性感迷人的外形，成熟华丽的气质。

她们的性格很感性，想象力非常丰富，喜欢梦幻的感觉，渴望生活在罗曼蒂克的氛围里。她们经常活在情绪里，沉浸在自己营造的某种氛围里，这让她们显得不太稳定，生活充满不确定性。比如情绪状态好的时候，她们所呈现出来的是成熟的、气度不凡的大家闺秀，可是如果情绪状态不佳的时候，她们就会顷刻间陷入情绪里，像个缺爱的、无助的、可怜的小女孩儿。她们经常觉得自己需要被人呵护和照顾，所以她们也很容易满足和被取悦，只要别人给她们一点爱和温暖，就能让她们高兴好一阵子。

在社交场合中，她们很喜欢展示自己，希望得到大家的关注和欣赏。相对应的，她们也善于与人沟通，简直就是天生的交际家。这样的特质让她们经常受到异性的仰慕，同时也迎来同性的嫉妒。因为她们就像自带魔力的仙子，只要往那儿一站，无须开口就已经魅力无穷，因而常常让别人误以为她们在炫耀自己的美和性感，但其实她们只是享受被关注和赞赏的感觉而已。

如果你是浪漫型风格的人，那么你非常适合穿大量感、曲线型设计的衣服，即强调身材曲线美，突出胸、腰、臀，剪裁紧身合体的衣服。

适合你的款式：

柔美大气的衣服，比如大荷叶领的衬衫、悬垂领口的套头上衣，X型的连衣裙、大摆裙、鱼尾裙、花苞裙、阔腿裤、皮草等。即便是外套，也要优先选择收腰款或者有系腰带的，只有这些曲线型裁剪的服饰才能匹配你美好的身姿。

适合你的图案：

成熟的大花朵为主，比如多层次的花朵、刺绣花朵、渐变花纹、水印花纹等。服饰的图案越艳丽繁杂，饰品的样子越有女人味，就越能衬托你性感而华丽的女性气质。此外，大图案可以把大量感的圆脸瞬间变小，有瘦脸效果，也能让略显肉感的身材在视觉上显瘦，非常适合略显肉感的你。

适合你的装饰细节：

在领子、袖子、裙摆等部位，尽量有一些蕾丝、荷叶边、飘带等曲线元素的装饰，可以和你圆润的脸型完美衔接，既凸显了你的女人味儿，又能达到减龄的效果。

适合你的面料：

柔软的、细腻的、光滑的、垂感的、精致的面料，如丝绒、亮光丝绸、缎类、蕾丝、真丝、雪纺等，都能和你的曲线型特质进行非常棒的融合。

适合你的颜色：

高彩度的、对比较强烈的两个颜色搭配，是浪漫型人最佳的搭配方案，但最好以暖色为主色调，比如红色、黄色、橙色、粉色等，其中粉色和红色最能体现你的浪漫气质，金色和银色总是给人高贵、华丽的感觉，很能衬托你天然的奢华气质，所以也可以作为你的常用色。

适合你的包包：

软皮材质的包会更适合你，同时装饰性要强，圆形或方形都可以，只是如果是方形包，那么在包的表面设计上一定要有曲线装饰，比如刺绣、花朵，大号的蝴蝶结等，通过这些曲线的、充满女人味的设计元素来冲淡方形包的直线感，从而达到与曲线美的你相融合，而圆形轮廓的包包本身就适合曲线性人。

适合你的鞋子：

细高跟鞋、尖头鞋是你平时社交时的利器，如果是生活中所穿的鞋子，也要一些装饰来体现鞋子的曲线感，比如珍珠、刺绣、亮片等。

千万不要穿的：

　　硬面料的大衣服，比如直筒大 T 恤、大毛衣，直筒连衣裙、直筒大衣都是你需要尽量避免的。因为，你的胸部和臀部比较丰满，宽松版的服装会让你看起来臃肿土气。你可以穿宽松柔软的面料，但不要忘了系上一条腰带。

　　说到这里，我忍不住要提醒你：你浑身上下透出的女人味儿，对男性来说吸引力十足，在一些社交场合会被有些男性视为猎物，让你有被冒犯的感觉。如果你想保持低调，可以在裙子或性感上衣外面加一件偏直线型设计的外套，稍微收敛一下天生的性感。

第二章　活出属于你的美

明星风格类型第二种：夸张戏剧型。特点：大量感、直线型、特殊比例。

代表明星：金星、邓文迪、宁静、毛阿敏等。

她们是大量感／直线型／非标准比例的霸气女王。也有人把它叫做戏剧型风格，人们通常会用气场十足、强烈夸张、气魄非凡来形容她们。

她们的脸型五官长得非常立体，到了能用"夸张"来形容的地步。脸型外轮廓有着明显的骨骼线条，深眼窝，眼尾上扬、高颧骨、宽下颌，整体给人骨感的印象。她们的眼神很深邃，却一点也不显柔和之感，容易让人产生距离感。这个气质风格的人，看上去都比自己的实际年龄要成熟，但这个特点也让她们总是在人群中显得很出挑，有着让人无法忽视的强烈的存在感，所以任何时候都给人一种气场十足的感觉。

夸张戏剧型人在视觉上要比实际身高更显高大，她们经常有着宽宽的肩膀，腰部呈现出直线的特点，胸部和臀部的曲线也不明显。也就是说，这个类型的人几乎不会拥有傲人的胸部。对于夸张戏剧型的人来说，值得夸耀的资本并不是身材，而是她们夸张、强烈、成熟的气场和风度。

她们的性格特点可以用"强烈、鲜明"两个词来形容。经常显得精力充沛，走起路来速度很快，步伐很有力量。说起话来干脆利索，表情也比较夸张，连带着肢体语言也很丰富。她们的思想通常都很成熟，不会太在意别人的看法，目标感强，敢于冒险，做人做事很有担当，在任何场合都敢亮出自己的观点，极力维护自己的权益，不怕得罪人，所以在人际关系中显得比较主动。她们的情绪反应比一般人更强烈，属于喜怒都形于色的类型，有时候会给人强势的感觉。

如果你是夸张戏剧型的人，根据"取象比类"原则，你更适合那些大量感、直线型裁剪、颜色跳跃、醒目，款式夸张而时尚的衣服。当你去逛商场时，要重点关注那些强调衣领和腰部设计的外套，不规则、不对称剪裁的裙装，大立领、大翻领、单边领的西装，还有单边袖、造型感强的上衣，比如扇袖、大蝙蝠袖、流苏袖等。

你还非常适合穿裙裤和大裤脚，在炎热的夏季里，还可以轻松驾驭一边长一边短、看起来款式奇特的裤子。

适合你的领子：

所有非常规的衣领，比如大方领、大 V 领、大翻领、单肩领、斜领等都适合你，因为只有这些特别的、不规则的、造型夸张的领子，才能匹配你大量感的、骨感的、特殊比例的独特之美。

适合你的图案：

带有油画图腾、几何图形、大花朵或者大面积拼色的图案都很适合你。

适合你的面料：

挺括有型、硬朗立体的面料，比如皮革、皮草、粗呢、毛料等。

适合你的颜色：

鲜艳的、饱和度高的颜色，比如红、橙、黄、绿、青、蓝、紫七种标准色。你还可以大量使用黑色和白色，有彩色加无彩色的搭配很适合戏剧型人，深冷色的酷感加上暖色的华丽，高度匹配戏剧人强烈的性格表现和夸张的外形特点。

适合你的包包：

以面料挺阔、裁剪不规则、大量感、颜色饱和度较高的包包为主，带有刺绣、图腾装饰，不同颜色的皮质拼接而成的包包也非常适合你。

适合你的鞋子：

平底鞋、高跟鞋都适合你，但是你的鞋跟不能太细。鞋头可以是方头、也可以是尖头，但千万不要尝试圆头鞋。同时，鞋子的设计感要强，造型尽量夸张一些，鞋面上可以有金属类的装饰，但是装饰要够大气，颜色要够绚烂。

适合你的饰品：

首选夸张、华丽的饰品，材质以金属类的为主，形状可以是几何形、串形，色彩比较明艳的饰品也非常适合你。

千万不要穿的：

不要穿平淡无奇的休闲装，比如款式普通的 T 恤、牛仔裤、夹克衫、中规中矩的职业装等，它们会把你时尚、独特的气质埋没掉。你也不适合戴精致小巧的配饰，比如衣服上的小图案或小饰品（小耳环、小项链、小胸花、细腰带、小礼帽等），否则可能有扮嫩失败的感觉。

明星风格类型第三种：随意自然型。特点：中量感、中间型轮廓、标准比例型。

代表明星：刘若英、徐静蕾、高圆圆、杨丽萍等。

顾名思义，随意自然风，那意味着她们天生就喜欢大自然，在穿衣打扮时，比较适合穿随意的、自然的风格款式，因为那样的衣服能穿出她们独有的气质和特点。

这类风格的女孩给人的第一印象是清新自然、性格随和，在社交人际方面，她们总显得落落大方、不拘小节。

她们有一种与生俱来的文艺气质，脸型方中带圆，五官不大不小，但有点分散的感觉。眼神平直，却很具亲和力，不化妆时会给人懒散的感觉，所以即使她们的眼角往上挑，也不会给人留下凶的印象，反而有股异域风情的味道，比如杨丽萍。大部分自然风格的女孩眼尾都是向下的，也就是人们常说的下垂眼，这样的眼睛会给人淳朴、随意、自然的感觉，透出一种邻家女孩的亲切感。

作为中间型轮廓的代表，她们的身材既有圆润的曲线感，也有平板的直线感，她们也许会是平胸，但是却有肥臀，也许她们有圆润的肩膀，但是却拥有明显的锁骨。

她们的性格特质也常处在中间状态，与人相处时没有柔情似水，但也不会有很犀利的时候，对一切事物保持自然、随意的心态，很少与人树敌，待人接物落落大方、不拘小节，从静态到动态都给人曲直适中的印象。

随意自然风格的女孩在着装打扮时，会受到她的偏风格的影响。所谓"偏风格"，就是一个人的辅助风格，即在主风格的基础上，又有其他风格的倾向性。

人是非常复杂而丰富的生命体，我们不可能用某个单一词汇去形容一个人全部的样子，就像是在性格测试里有很多维度，人们在不同的维度上都会有一定的分数，但是总有一个维度的分数明显很高，那么心理学家就会说，这个人属于某某类型，但事实上这个人性格里还有其他维度的成分，只不过这个类型的特质最明显而已。

在形象风格学里，每个人都有一个分数最高的主风格，然后又有至少 1 ~ 2 个分数稍低的偏风格。比如自然风格的女孩里，又有运动型自然风、森女型自然风和异域风情型自然风。

如果你是自然风格的人，那么无论你的偏风格是什么，在日常的服饰搭配上，风格特点都是以随意自然型为主的。你的夏天只需几件棉麻或丝绵的连衣裙，再搭配一条木质的、玛瑙或蜜蜡的长链，就能给人眼前一亮的感觉。即使来到秋冬季，你也只需在裙子的外面加一件中长款的外套，就能穿出同风格却不同季节的感觉。当然，除了这种搭配方法，你还有其他很多很多选择。

适合你的款式：

剪裁宽松、休闲感强的衣服，比如格纹连衣裙和衬衫，带有叶子、树枝图案的田园风的连衣裙，你也很适合有民族特色的长摆裙，还有各种针织衫，棉麻和针织外套等。

适合你的面料：

以纯天然的面料为主，比如棉麻或者含有棉麻的面料，还有羊绒、针织，粗针毛衣、牛仔、帆布等都很适合你。随意自然风格的人本来就很追求天然的感觉，所以这些面料也是你的最爱。但你最好选择防皱的棉麻面料，否则皱巴巴的衣服会影响你的整体形象。

适合你的颜色：

混合色的搭配居多，如果你天生皮肤白皙，那么可以多多选择粉色系，比如粉红、淡绿、淡蓝色，如果你天生皮肤偏暗，就可以选择深沉的秋季色，比如橄榄绿、土黄色、砖红色、驼色、蓝绿色、枫叶色等。

适合你的包包：

柔软的粗质的包包，比如编织包、麂皮包、帆布包、带有刺绣的民族特色包等，包包上面可以有镂空或流苏的装饰，但是要避免带有尖锐感的装饰物，比如铆钉、五角星之类，以免破坏你天生的自然和谐感。

适合你的鞋子：

一般以麂皮（绒皮）、帆布的材质为多，鞋跟的设计可以是坡跟的，也可以是方根，通常以中跟和低跟鞋为优先，给人一种体积感较强的印象。

适合你的饰品：

木质的饰品、皮绳、古铜、亚银、贝壳、藏饰等，造型一般比较简单，量感、轮廓都属于中间型。

千万不要穿的：

太过于正式的衣服。对于你来说，即使是职业装，最好也带一些自然特色的元素，比如在衬衫外面系一条丝巾，或者戴一条木质的长项链，以便中和过于沉闷的衣服风格，保存你自然温暖的个性特质。

明星风格类型第四种：优雅淑女型。特点：中量感、曲线型、标准比例型人。

代表人物：林志玲、赵雅芝、刘嘉玲等。她们是最具东方女性美的人，精致唯美、温文尔雅，总是给人淑女的印象，所以把她们称为淑女风格。

淑女风格的人有着标准的椭圆形脸，脸部线条柔美圆润，眼神温柔，五官精致，三庭五眼的比例恰到好处。她们大多属于穿衣显瘦、脱衣有肉的类型，有着明显的曲线感，但是和大量感曲线型人相比，她们的骨架要小得多，五官也更精致、小巧。

她们的性格在大部分时候也比较低调内敛，恬静而优雅，给人善解人意、好相处的印象。她们喜欢把生活过得富于小资情调，过上闲情逸致的生活是她们的生活目标。所以淑女型的女孩有着很强的家庭观念，她们享受于贤妻良母、贤内助这样的身份角色。

如果你发现自己和她们比较接近的话，那么恭喜你，你就是众多直男梦寐以求的东方女神。

适合你的款式：

剪裁合体、突出腰部曲线的服装非常适合你，裙子以高腰款式为主，领口的尺寸不大不小，用一些曲线的元素来做点缀，比如蕾丝、荷叶、飘带、蓬蓬袖、灯笼袖、荷叶袖等。你的性感部位是背部、锁骨、脚踝，而非胸、腰、臀，所以你很适合穿稍微露一点背和锁骨的礼服。

适合你的面料：

以柔软精细的纺织物为主，比如真丝、细纱、细棉质、细针织、羊绒等。

适合你的颜色和图案：

整体感觉较为淡雅的色彩和图案，紫色、粉色系、玫红色、肉粉色、浅蓝色都是你的菜。你很适合风格婉约的图案，比如分散的小碎花、小波点、水滴、晕染的色块等。

适合你的包包：

首选曲线形状的包包，质地要细腻柔软，做工要精致，色泽要淡雅，包包上的装饰要小而精美。

适合你的鞋子：

中跟鞋为主，鞋头可以是圆头也可以是小尖头，鞋面上的装饰要纤巧而精致，如果有鞋带，也得是很细的鞋带。

适合你的饰品：

精巧细致又轻盈的饰品，最好是圆弧造型，比如钻石、小颗粒珍珠、水晶等，因为这样的饰品才能与你精致而标准的面部轮廓相融合。

千万不要穿的：

你不适合太过于强烈的色彩搭配，也切忌穿暴露的衣服（比如超短裙），否则会破坏你天然的高雅气质。低腰设计的裤子和裙子也非常不适合你，因为它有拉低你身高的效果。你的禁穿品还包括宽松版的裙子或外套，粗糙的、硬挺的、厚重的面料，它们和你的天生气质格格不入，还会让你看起来过于成熟老气。

明星风格类型第五种：古典型。特点：中量感、直线型、标准比例型。

代表人物：杨澜、宋庆龄、黛安娜王妃等。

她们经常给人端庄典雅、传统正派的印象，高贵、严谨、知性、成熟都是她们的关键词，她们有着精益求精的品格，也有着处变不惊的淡定，正是这些内敛沉着的气质，成就了古典型人矫矫不群的气度。

古典型人的肩膀平直，胸部和臀部都不突出，身体躯干整体呈 H 型，走起路来惯于抬头挺胸，总是显得端正挺拔。虽然如此，她们在人群中还是不太容易辨认出来，因为她们的体型虽然偏直线感，但是相比其他直线型风格的人，骨骼感却不太明显。她们的"三庭五眼"大多都很标准，却没有柔和的神态，因为她们的眉眼和嘴唇是平直的，眼神还总是透着一种睿智的犀利感，五官也显得很有力量，经常有一些不苟言笑的表情，让人产生一种莫名的距离感。

古典风格女性的性格比较偏理性，有很多较为传统的思想，为人处事原则性很强，追求公平公正，任何时候都保持严谨的处事态度。她们非常热爱学习，可以说是所有风格里最爱学习的类型，所以她们的知识面非常广泛，常给人博学多才的印象。她们对待工作非常专注投入，遇到任何问题都喜欢究根问底，一定要把源头找出来才罢休，是一个不折不扣的完美主义者。

她们总希望自己在企业乃至行业中做到出类拔萃，成为最专业、最权威的那个人，这让她们和同龄人相比会显得更成熟、更稳重也更理性一些。她们认为每个人都应该具备独立性，自己的事情要自己解决，所以大部分这类风格的女性都是偏事业型的。

如果你就是古典型人，那么你一定会发现，在人群中，你最能给人风度翩翩、成熟稳重的感觉，你喜欢把头发梳得纹丝不乱，随时保持整齐和规范，也会钟情于干净和高品质的服饰，因为只有这样才能匹配你高贵典雅、端庄正统的气质。如果让自然随意型的人时刻保持这种状态，可能会让她们痛苦不堪，但是古典类型的你，却天生适合这样的穿着打扮，还会很享受这样的感觉。

值得一提的是，只要你在穿着打扮上稍微放松，就会显得太过朴素，气场全无，给人暮气沉沉的感觉。所以你的服装用料要高档，做工要精细，装饰要少。

适合你的款式：

正式的、规则的裁剪是你的着装大方向。所以你尤其适合高档面料的商务正装，比如职业套装、一步裙、中腰或高腰商务裙、中量感直板型的直筒裤，以及直筒的外套/风衣，旗袍也是适合你的社交服装。

适合你的衣领：

以大小适中的西装领为主，比如中量感的方领和标准的 V 字领，切忌穿斜肩领或其他裁剪个性化的衣领，当然也不适合穿有暴露倾向的衣领。

适合你的面料及图案：

高档精良的面料，比如开司米、丝绸、羊绒等，简单又排列整齐的小型图案或条纹，都比较能凸显你高贵的气质。

适合你的颜色：

冷色调的纯色居多，比如蓝色、紫色、青色、紫红色、深玫红色、黑色和白色、银色等，整体气质显得高贵典雅、干净利落。

适合你的饰品：

珍珠，金、银、玉、钻石为原材料的饰品，腰带和手表带要用真皮材料，做工一定要精细和干净利落。眼镜适合无边、金边或银边的镜框，丝巾一般用纯色或同色系的深浅渐变，最好是跟服装的颜色接近，这样最能衬托你的精致优雅。

适合你的包包：

方形的包包适合你，圆形包包你也能驾驭，只要包包有挺括感、立体感和厚重感就可以了。

适合你的鞋子：

中跟或中低跟的经典款浅口皮鞋比较适合你，材质一定高档，装饰物要少，鞋头方圆适中，不要太方也不要太圆。皮质鞋是你的最佳选择。另外，相比较长靴来说，短靴更适合你，主要达到与你的身材比例相协调。

千万不要穿的：

忌穿带有明显图案的衣服，比如鲜艳的花朵、几何图形、动物纹（豹纹、虎纹等）、图腾等图案，但均匀的小圆点或小方点是可以的。也不要穿松松垮垮、粗糙面料的服装，夸张的饰品更是要避免，因为它们会破坏你天生的端庄典雅、干练知性的气质。

明星风格类型第六种：创意型。特点：中量感（中偏小量感）、直线型、非标准比例／标准比例。

代表明星：王菲、张柏芝、莫文蔚、张惠妹等。

她们浑身上下都充满创造性，总是给人另类、前卫、古灵精怪的印象，所以我把她们称为创意型风格。她们的脸型五官有标准比例的，也有非标准比例的（张惠妹属于非标准比例）。

创意型和古典型风格都是直线型，但她们呈现出来的形态气质却完全不同，甚至有些截然相反。创意型人的身材与面部的骨架一般是中量感的，或中偏小量感。面部骨骼通常都很明显，眼睛略微向上挑，脸部线条清晰、五官精致立体，稍有些紧凑的感觉，大部分创意型人的脸型都是"钻石脸"。

如果你是创意型人，那么你通常都有着好动的性格，观念也比较超前，对新鲜事物很感兴趣，对潮流尤其敏感。你不会太在意别人的看法和评价，可以把人生过得很潇洒、很绽放，你就是喜欢这样与众不同的自己，最害怕的就是跟别人一样，所以你喜欢穿前卫、独特、富有创造性的服饰，无论在别人看来多么奇装异服，你都敢往自己身上穿。而事实上呢，你的脸型轮廓大多都有点尖锐感，加之性格给人另类、酷酷的印象，所以越凸显个性的服饰，你穿起来就越好看。

适合你的服装款式：

时尚、前卫、个性、富有设计感的服装是你的主打风格。至于服装的款式，紧身的或宽松的你都可以驾驭，前提是服装的剪裁设计要独特，富有创意，比如不对称的、不规则的、斜剪裁的衣片、单肩袖、露背装等，包括衣服上的图案和拼接色也都要有特色。

适合你的面料、图案和装饰元素：

以硬料子为主，带有个性图案的服装，比如骷髅头、图腾、小豹纹以及各种各样的几何图形，带有金属和皮质的装饰，比如铆钉、金属扣、铁链子、皮革等。这些富有创造力的元素更能与你的气质风格相匹配。

适合你的颜色：

饱和度较高的颜色，红、橙、黄、绿、青、蓝、紫这 7 种标准色，再加上黑与白，你可以任意搭配。可以用个性化的款式和强烈的色彩来呼应你的性格特点和形象气质，越跳跃越能表达你的与众不同，比如红配绿、黄配紫、蓝配橙。

适合你的饰品：

钻石、水晶、金属材质或多种材质混合而成的饰品最能凸显你的气质。耳环坠子和项链坠子可以选择几何形状的，丝巾可以选择七种标准色的拼色，也可以选择黑与白的拼色。让强烈的颜色和个性化造型的装饰品来修饰你棱角分明的脸型，让它们和谐共处，以衬托你最佳的形象状态。

设计独特、颜色纯度较高的包包，如果包包上没有特别的装饰点，那么包型的设计一定要独特、个性，轮廓可曲可直。总之，要给人看一眼就留下特别的、富有设计感的印象。

千万不要穿的：

拒绝平凡普通的穿搭。小到饰品，大到衣服，你身上的每一件单品都要独特而精致。所以，一定不要穿两边对称、一板一眼的服装，也不要穿粗针纺织面料的服装，比如棉麻粗布的服装，因为它们会淹没你古灵精怪的个性，把你变得很庸常、俗气，会将你淹没在人群里。

明星风格类型第七种：甜美可爱型。特点：小量感、曲线型、标准比例。

代表明星：林心如、大S、赵丽颖等。

她们的身材骨架很小，肩部和胯部都比较窄，所以身材曲线不太明显。她们的脸庞天生圆润，量感偏小，却又显得很肉感，也就是俗称的"娃娃脸"，这也是她们最明显的特点。她们的五官是精致小巧的，眼睛是清澈见底的，脸蛋、嘴唇、眼睛、鼻子都圆圆的，总是给人留下可爱亲和的印象。

她们整体的形象气质看上去比实际年龄要小，所以我把这类风格叫做甜美可爱风，也有人称之为少女风。

用"活泼开朗、清纯可爱、声音甜美"来概括甜美可爱型人再合适不过了，她们总是一脸的天真无邪，擅长用发嗲的方式跟身边人撒娇，随便在什么场合都给人一种"无公害"的感觉，所以她们具有快速融入新环境的本领。她们的另一个特点是很容易被取悦，发生不开心的事情，稍微一开解她们就释怀了，让人没有负担感。

如果你是甜美可爱的类型，那么我要真心恭喜你，因为你就像是永远不会老，无论年龄多大了，都让人感觉你是可爱的、甜美的，像少女一般轻盈美好。

适合你的款式：

你的衣服都以宽松、短款的居多，上衣的设计通常离不开花瓣袖、泡泡袖、青果领、小圆领、娃娃领、飘带、蝴蝶结等可爱的元素。裙装比裤装更适合你，因为你需要弱化身材的曲线，你的身材曲线通常都不太明显，所以需要用宽松版的衣服来修饰。

适合你的图案：

采用小可爱的图案作为服装或者包包的装饰，比如花瓣、小动物、小圆点、心形、卡通图等。但是请注意，这些图案要根据年龄来决定，如果你已经超过 25 岁，建议你还是以纯色加花瓣、圆点为主，那些心形、卡通动物会显得幼稚，如果是在职场上，会让人担心你不具备胜任工作的能力。

第二章 活出属于你的美

适合你的面料：

比较柔软的面料，比如各种纱质和动物毛（羊毛、兔毛等），根据不同场合的特点，你的职业装也可以选择略微偏硬、挺括有型的面料。当然，面料只是其中的一个参考因素，你还可以从服装的款式和颜色来选择，一般来说，这三者其中一方面满足也是可以的。

适合你的颜色：

高明度、高饱和度的颜色你都可以驾驭，邻近色搭配（色环中相邻的两个颜色）是你的最佳选择，比如粉红色搭配浅玫红色，苹果绿搭配淡黄色。

适合你的饰品：

水晶和珍珠坠子的项链，塑料材质的耳饰，贝壳、丝带、蝴蝶结腰带、蝴蝶结头箍、胸花等，由可爱元素构成的饰品都很适合你。但如果是在工作环境，可爱元素就要收敛一点，相信你不会想让上司认为你是个不牢靠的小姑娘。

适合你的包包：

以皮质和布料为首选材质，造型以曲线型为主，比如心型、圆形、半圆形、贝壳形等，包包的大小可根据你的量感和喜好而定。

此刻你可能在想，难道我所有的包包都要有这些可爱的装饰物吗？当然不是，你完全可以买一个毫无装饰品的高档包包，但你可以同时再买一些可爱、精美的装饰物放在家里，比如蝴蝶结、贝壳或小动物等，根据你的心情和你当天的服装搭配需要，来选择一个合适的装饰物，直接往包包上一别（带有磁铁扣的装饰物），就可以满足你多种风格的搭配需求了。

适合你的鞋子：

以中低跟、圆头、浅口的设计为主（因为浅口可以拉长你的腿型，拔高你的身高），鞋面上可以带有一些小图案和装饰品，比如蝴蝶结、珍珠之类。

千万不要穿的：

你不适合穿大量感裁剪的服装，因为那会把你淹没在服装里。上下内外全是直线型的服装也不适合你，因为那会和你圆圆的脸型产生违和感。低腰设计的衣服不适合你，因为会降低你的视觉身高。

明星风格类型第八种：中性帅气型。特点：中偏小量感、直线型、标准比例。

代表的明星：马伊琍、梁咏琪、李宇春、奥黛丽·赫本等。

她们的身材躯干呈 H 型，肩膀平直，看起来比较偏直线、偏骨感，走起路来步伐又轻盈又活泼，肢体语言潇洒利落，所以整个人看上去比实际年龄要年轻得多。她们的脸型平直而方正，但颧骨不高，眼睛也是平直的，但面部轮廓线条却很流畅，眼神也很是清澈见底，所以五官显得很有

力度，给人清秀帅气的感觉，也经常透露出一种"简单"的光芒。

我把这类风格称为"中性风"。

如果你就是这个类型的女孩，那么你的性格率真直爽，对别人的信任度比较高，大部分时候别人说什么你都很相信，所以你的沟通风格也是直来直往，给人没什么心机的印象。正是因为你一脸英气，又有着直线型的身材和洒脱的性格，所以有人把你称作"少年风"，甚至会被人称呼为"哥"，比如李宇春就被人们称为"春哥"，人缘极好。你既有男孩的豁达大度，又有女孩的敏感细腻，所以男女都喜欢和你做朋友。

适合你的款式：

直线剪裁、中性洒脱、富有刚性气质的服装是你的主打风格。无论是长款还是短款的服装，你都可以驾驭，但前提是要强调线条的硬朗感。在职场可以穿西服、直线型的连衣裙、马甲加衬衫配直板裤；休闲时可以穿卫衣、牛仔、皮衣、靴裤等，并且衣服上有着中性的元素，比如贴袋、金属扣、肩章、金属链等。

适合你的图案和装饰点：

条纹、小格纹、字母、建筑物、几何图形、五角星等简单的直线形状都很适合你，衣服上的装饰通常以金属和皮革为主，比如金属链、扣环、皮带扣等。

适合你的面料：

化纤、涂层、皮革、牛仔、帆布、棉麻等面料都是你的最佳选择。

适合你的颜色：

偏冷色调的颜色，比如天蓝色、青色、绿色、淡黄色、卡其色、银色、黑、白、灰等，它们是那么明快清爽，最能衬托你中性洒脱的气质。

适合你的饰品：

在冬天里，素色爵士帽、桑蚕丝或针织的围巾是你不可缺少的配饰。在春季和秋季里，无论是穿着西装还是休闲服，领巾或领带都能为你增色不少。如果是穿着休闲服，棒球帽可以成为你的一大亮点。另外，还有颈带、金属项链和耳坠、皮手链也是你必备的装饰物。

适合你的包包：

主选方方正正的包型，职业包以皮革为主，休闲包则以帆布材质为主。可以带有金属质感的装饰，比如扣环、拉链、贴袋、条纹缝边等。

适合你的鞋子：

以中跟鞋为主，系鞋带、鞋头方正的靴子（马靴）非常适合你，比如罗马鞋、粗跟鞋等。鞋头还可以有一些金属装饰，会让你看起来富有力量感，也能和你的服装形成呼应。不过在职场，还是要配合职业装穿带跟的职业皮鞋。

千万不要穿的：

带有明显曲线型元素的服装，比如花朵、心形、波点荷叶边、蕾丝领之类的衣服。你也不适合围戴鲜艳色的丝巾或太女人味的帽子，否则会让你看起来像是男扮女装的反串演员。

到此为止，八种风格的着装要点就全部介绍了。

最后我还想说的是，关于穿衣搭配，没有适合所有人的统一模板，即便是具有相同主风格的两个人，适合的服饰也会存在大异小同，因为他们的子风格不同，比如：自然偏浪漫风格与自然偏优雅风格的两个人，在穿搭上就会存在很大差异。所以，要找到适合自己的服饰，需要你多多尝试，慢慢试错，时间长了你就会知道，自己更适合哪一种风格款式。如果衣服穿对了，就能达到人衣融合的效果，会让你看起来比实际年龄更年轻，看起来更时尚，精神状态也很饱满，由内而外地散发独特的气质，从而为你的整体形象加分，让你在职场和爱情里的表现更胜一筹。

3. 做个有颜色的女人：穿出你的色彩

世界上没有两片完全一样的树叶，当然也不会存在两个完全一样的人。同一棵树上的叶子，颜色也有深有浅，叶脉也有粗有细。毋庸置疑的，同样都是出生和成长于中国的我们，在肤色上却存在细微的、肉眼可辨的差异，这让我们每个人都不同，都有属于自己的独特美感。

人物形象设计领域里，我们用肤色的冷暖、深浅和净柔来形容这些差异。

本节的主要目标就是教你了解自己的肤色。通过文字来教你学习色彩，这本身就有很大的难度，但我相信，如果你下定决心要掌握这门学问，你就会愿意跟着文字的指引，在生活中做出诸多尝试，去实践你在本节学到的知识，那么你终究能慢慢找到感觉，对自己的肤色有准确的判断。

要了解自己的肤色，需要从素颜开始。所以，如果此刻你正在家里阅读本书，不妨现在就去把脸清洗干净，找到一面可以照见全脸的镜子，把头发扎起来，露出整个脸，再把袖子撸起来，露出你的手臂。然后来到有着自然光线的地方——让我们一起进入奇妙的肤色观察之旅。

肤色的冷暖 ✳

所有人的皮肤都有着天生的颜色。皮肤的颜色来自基因遗传，是先祖和父母馈赠给我们的礼物，我们需要全心接纳这份礼物，并真正懂得去欣赏它。当一个人在嫌自己的皮肤太黑、太白、太暗沉、太粗糙时，可能她潜意识里是在排斥父母，她们不喜欢自己的父母，所以也没办法喜欢父母的礼物。

当我们在谈论肤色的冷暖时，其实是在说颜色的重要特性之一：色温。色温是颜色带给人的一种生理和心理感觉，可以说是人对颜色的本能反应。如果你没有色盲或色弱的问题，那么你能感觉到，在色环上比较偏向红色的一端，比如鲜红、橘红、黄色等颜色总是带给人温暖、热烈的感觉，而色环上比较偏向蓝色的一端，比如蓝色、绿色、紫色等颜色则带给人平静、清凉的感觉。

我们把前者称为暖色调，把后者称为冷色调。

现在就让我们来看一看，人的皮肤的冷暖色具体都是什么样的，尤其是请你对着镜子看一看，你的皮肤是属于冷色调还是暖色调，因为这将和你适合的服饰颜色有关。

❀ 冷色型人

在自然光下，仔细观察自己手腕处的血管，如果你手腕处的血管是蓝色或紫色，同时皮肤呈青白色或青黄色、粉白色或暗红色，那么你就属于冷色系肤色。一般冷肤色的人在太阳底下暴晒后皮肤会泛红。

冷色型人整个面部笼罩在一种青色的底调中，适合穿冷色底调的颜色，比如蓝色、紫色、青色等，适合穿所有含了蓝色调子的颜色，比如蓝绿色，玫红色等。

而深冷肤色型人适合穿纯白色，浅冷色型人适合穿乳白色。

❀ 暖色型人

如果你手腕处的血管是绿色的、蓝绿色，皮肤是象牙色、杏黄色、桃红色、浅棕黄色，那你的皮肤是属于暖色调。一般暖肤色的人在太阳底下暴晒之后皮肤会变成褐色。

暖肤色的人面部最明显的特征就是呈现出温暖的橘黄基调。适合穿暖色调的或含了黄色基调的颜色，比如：黄色、橙色、橘红色、驼色、黄绿色等。

而深暖色型人适合穿牡蛎白色，浅暖色型人适合穿象牙白色。

❀ 中立色人

如果你的手腕处的血管是紫色或紫色绿色均有、皮肤是桃粉色的话，那么恭喜你，你的皮肤是中立色，也就是说大部分的冷、暖色你都可以驾驭。在着装颜色上，你比冷色调或暖色调的人有更大的可塑空间。

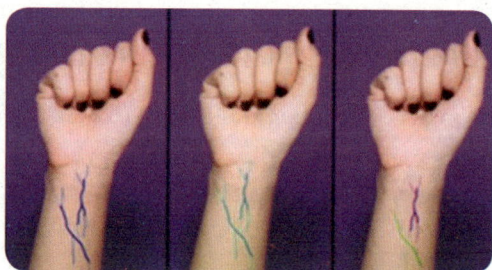

冷色　　　　　暖色　　　　　中性色

肤色的深浅 ✳

颜色有三个基本元素：色相、明度和纯度。色相，就是颜色的名称；明度，就是这个颜色的深浅程度；纯度，当然就是指这个颜色的饱和度，或者说纯粹的程度。

如果把皮肤的冷暖色调类同于颜色的色相，那么我们可以说，如果你是冷色调的皮肤时，你的色相是冷色；反之，如果你是暖色调的皮肤，我们就说你的色相是暖色。那么皮肤的深浅就类同于你皮肤的明度，也就是说，如果你的皮肤颜色天生较深，我们就会说你明度较低，如果你的皮肤颜色天生较浅，我们就说你的明度较高。

皮肤的净柔，就相当于色彩的纯度。如果你的皮肤看起来白皙而干净，发色很黑，我们会说你的皮肤颜色纯度较高，如果你的皮肤看起来有一些暗混，发色也浑浊，我们会说你的皮肤颜色纯度较低。

无论你的皮肤天生什么样，都有它自身的魅力，都能焕发独树一帜的美感。

皮肤的深浅，决定了你适合穿浅色还是深色衣服。一如你此刻正在想的，根据"取象比类"的原则，皮肤颜色较深的人适合穿深色衣服，而对于皮肤颜色较浅的人来说，浅色衣服更能衬托你的美感。也就是说，穿接近自己肤色的颜色会显得更和谐，更能达到"人衣融合"的效果。

为了便于你理解，我现在按照中偏高明度、中明度、中偏低明度来区分人肤色的深与浅。如果你能根据我的描述，准确诊断出自己的肤色，就能在琳琅满目的商场里，轻松自如地找到最适合你的衣服，不但能降低买错成本，大大提升购物效率，还能让你对自己的审美更有把握，增强自信心和自豪感。

❀ 中偏高明度（肤色偏浅）的人

她们的眼睛大多都有些黄褐色或正褐色，眼白呈湖蓝色，头发大多是棕色或棕黑色的，皮肤的颜色中等偏白。她们的面容整体上会给我们轻盈、柔和的感觉。

仔细对着镜子观察自己，如果你的眼睛、头发、皮肤都符合这些特点，那么你会比较适合高明度的肤色，也就是那些感觉轻快明亮的颜色。比如韩国演员宋慧乔，就是高明度肤色的人。

对于你来说，纯黑色简直是灾难。

如果你穿纯黑色，会显得老气生硬，整个人又沉重又缺乏活力。所以，你最好连黑色的鞋子都不要穿。记住了，千万不要因为身材偏胖而拒绝浅色，或者刻意多穿黑色。其实颜色的深浅并不十分影响体型的视觉胖瘦，反而是衣服的风格款式、板型结构是否适合你的身材、体型、风格更关乎显胖还是显瘦。

❀ 中明度（中等肤色）的人

她们的眼睛是深褐色的，肤色深浅适中，比浅肤色的人看上去要深，比深肤色的人看上又要浅一些，头发色也是以棕黑色为多，介于黑色与褐色之间。中国人大多是中明度肤色，尤其是出生和生长于南方的中国人，因为南方地区的紫外线比北方要强烈。

如果你觉得自己符合这样的描述，那么恭喜你，因为中明度肤色在穿衣搭配方面，色域相比浅肤色和深肤色的人会更宽广，稍微偏浅一点或偏深一点的颜色都能驾驭。你会比较适合含一些灰色或少量黑色的颜色。

✿ 低明度（深肤色）的人

她们的眼睛看起来又黑又亮，就像两颗黑珍珠一样，皮肤的颜色中等偏暗色，通常头发也是乌黑的，整个头面部给人一种浓墨重彩的感觉。

如果你觉得自己符合这样的描述，那么你很适合同样浓烈的、厚重的色彩，也只有这样的颜色才配得起你。

请远离一切浅淡的颜色。

你的肤色看起来有些偏暗，以至于让你以为自己穿什么都不好看，在这种心理的驱使下，你可能会想要穿一些浅淡的颜色，试图把肤色衬得白一些。但是恰恰相反，浅淡柔和的颜色穿在你身上会形成鲜明对比，会让你看起来更没有精神，皮肤越发暗哑，显得很不协调。

肤色的净柔 —————————————————✳

正如前文所述，肤色的净柔相当于你皮肤颜色的纯度。皮肤颜色的纯度越高，越适合穿色彩鲜艳的衣服；反之，皮肤颜色的纯度越低，则越适合穿色彩较为柔和的衣服。

现在让我们来了解这两种人的特点。

❀ 净色型人

她们的头发是乌黑的，眼睛又黑又亮，但皮肤很白皙，三者形成强烈的反差，整体上给人明净、清澈、对比分明的感觉。所以相对应的，她们也特别适合穿鲜艳的、饱和度较高的颜色，比如红、橙、黄、绿、青、蓝、紫这样的标准色。比如范冰冰就是净色型人。

如果你也具备这样的特点，那么任意两种标准色相互搭配起来，放在你身上都会很妥帖，会显得你光彩照人，魅力值会在瞬间提升。

你不适合穿混合色。

混合色，就是在标准色里面添加其他颜色之后的浑浊暗淡的颜色，它们会让你失去自身本有的光彩。

❀ 柔色型人

她们的脸色看起来像磨砂玻璃，总有那么些模糊感，发色、眼睛和皮肤的颜色都差不多，整个头面部像是蒙了一层灰雾的感觉，色彩不分明，色感不强烈。比如佟丽娅就是柔色型人。

如果你也具备这样的特点，那么你很适合穿柔和雅致的混合色（2～3种颜色混合而成的颜色），或者是带有灰色底调的颜色，也就是饱和度偏低的颜色，你穿上会显得别有一番韵味。

请拒绝过于鲜艳的颜色。

你可能会对自己的皮肤不自信，嫌自己不够白，试图通过鲜艳色来提亮肤色。但如果你这么做的话会事与愿违，饱和度高的颜色会淹没你的柔和特征，衣服的颜色与人的特征冲突太激烈时，会让你看起来很俗气——常有人认为艳丽的颜色等同于俗气，其实就是柔色型人穿错了颜色的缘故。

宇宙中所有的颜色都很美。但是这些很美的颜色如果不在合适的人身上，就会让它们失去光彩，非但无法滋养人的身心，反而会带来晦暗的形象和心情。颜色是有能量的，穿着适合你肤色和气质的颜色，能让你的身体更健康，心情更愉悦，还能大大提升你的自我价值感。

只有当你准确定位了自己天生自带的色彩，掌握色彩的知识和原理才有意义，你也才有内在动力去学习，否则它们就只是一堆枯燥的理论，会让你想要跳过去。所以，你真的很有必要好好对着镜子看自己，看一次没懂就看十次，直至你非常笃定自己就是某种类型为止。

为了让颜色服务于你的形象和气质，现在就让我们用一点篇幅来学习简单的色彩原理吧。

颜色的冷暖、深浅和艳柔 ————————————✳

我们之所以说，人体天生就有冷暖、深浅和净柔之分，其实是因为颜色本身就分冷暖、深浅和艳柔，形象设计师们只是根据颜色本身的特点，来为人体肤色做了分类而已。

关于颜色基本理论的学习，对于你找到适合自己的衣服颜色很重要，然而这个部分却略微有些枯燥，也难以形成视觉上的形象感。所以我建议你去买盒小朋友画画用的彩笔，一边阅读接下来的内容，一边在白纸上描画，这样更能帮助你去理解颜色的三个属性：色相、纯度、明度。

❀ 颜色的冷暖

标准的颜色分为有彩色系和无彩色系两种，彩色系有红、橙、黄、绿、蓝、靛、紫，其中冷色有绿色、青色、蓝色、紫色四种，暖色有红色、橙色、黄色三种，无彩色系有黑色、白色、灰色，也称之为中间色。

动动手：试试看在白纸上涂抹上述颜色，感受冷色和暖色带给你的视觉感，记住它们带给你的感觉。

❀ 颜色的深浅

在任何一种颜色里加入黑色以后，它的颜色就会变深；反之，加了白色后，它的颜色就会变浅；如果含了灰色，就会变成灰浊色。比如：绿色里面含了黑色后会变成墨绿色，含了白色会变成亮绿色，含了灰色会变成灰绿色。

动动手：在刚才涂抹过的任意颜色上覆盖一层黑色，看看它有什么变化。同样的，你也可以给另外的颜色覆盖白色、灰色，然后再观察它的色彩变化。并记住这个颜色变化带给你的视觉感受。

❀ *颜色的艳柔*

艳是鲜艳的艳，柔是柔和的柔。我们上述所讲的 7 种标准色：红、橙、黄、绿、蓝、靛、紫就属于艳色，饱和度高，不掺杂黑色、白色和灰色等其他任何颜色，比如正红、正蓝、正绿等，如果在艳色里面掺杂了黑色、白色、灰色或其他颜色，色彩会变得柔和，但是看起来就不会那么纯净，甚至有泛旧的感觉，我们会说这样的颜色就是柔色了。

动动手：在刚才覆盖过黑色的颜色上继续涂抹其他任意 1 ～ 3 种颜色，然后观察纸上颜色的变化，并记住这个变化带给你的感觉。

颜色的常见搭配法 ————————————— ✳

要掌握这三种常见的色彩搭配方法，你同样需要一个辅助工具——色相环。你可以在网络上找到它，打开搜索引擎，输入"色相环"，在搜索结果里下载一张色相环图片，然后一边阅读接下来的内容，一边观察色相环的图片。

❀ 同色系搭配法

即同一个色系的两个或多个颜色的搭配，包括同色系的花色和同色系的渐变色，比如粉红色＋西瓜红、淡绿色＋正绿色、天蓝色＋宝蓝色等，这样的搭配给人雅致、高级的感觉，既能搭配出纯色的和谐、大气感，还能根据颜色的明度高低搭配出渐变色的层次感。

同色系搭配法很适合柔色型人。

柔色型人的头发、眼睛和肤色视觉效果上有些模糊，缺乏鲜明度对比，好像天生就有同色系的感觉。所以柔和雅致的色彩可把她们低调奢华的气质穿出来，这样的搭配方式会让她们穿出美感和高级感。

面部轮廓偏肉感的人也很适合同色系搭配。因为她们的五官比较平面，脸型圆润，缺乏立体感，同色系搭配法刚好可以把她们圆润肉感的柔美气质穿出韵味来。

为了防止同色型搭配法让你看起来太规整，给人一板一眼的感觉。你可以用配饰做一些有颜色的点缀，但也不能太突兀，比如白色套装搭配黑色包包，绿色连衣裙腰间系上黄色腰带，蓝色连衣裙领部围上紫红色小丝巾等。

一般来说，用邻近色的小配饰来做点缀，更符合同色系搭配的特点，以免破坏大面积同色的整体感和高级感。

❀ 邻近色搭配法

顾名思义，所谓邻近色，就是在色相环上相邻的两个颜色之间的搭配，包括邻近色的花色和邻近色的渐变色搭配，比如紫色＋蓝色、黄色＋橙色等。这类搭配既带给人活力四射的感觉，又不会有太强的视觉冲击力，看起来感觉协调、舒服又不乏青春活力。

邻近色搭配法适合大部分人。

无论你的肤色是冷色调还是暖色调，柔色调还是净色调，深色调还是浅色调，都可以这样搭配，只要根据自己适合的主色感来选择就可以了。

相邻色搭配法尤其适合面部肉感、性格偏活泼的人，以及中间型轮廓、性格不太活跃的人，她们都是性格和面部轮廓有一定反差，却又没有那么

强烈，所以相邻色搭配是她们的最佳选择。

在使用邻近色搭配时，丝巾、包包和鞋子一定要与服装（上衣、裙子、裤子等）同色。和对比色搭配相较而言，邻近色的色彩冲击力比较弱，如果配饰的颜色和服装同色，会让你看起来更加协调，给人赏心悦目的感觉。

❀ 对比色搭配法

对比色就是在色相环上 120～180 度对角的颜色，比如紫色＋黄色、蓝色＋橙色、红色＋青绿色、红色＋蓝色、黄色＋蓝色等，包括对比色的花色和对比色的渐变色。

因为净色型人的皮肤颜色比较白皙，整体大都是偏冷色调，眼睛黑亮，头发也黑亮，整个头面部成鲜明的对比，所以，也只有色彩强烈的对比色搭配，才能衬托她们鲜明的形象。

同时，面部偏骨感、五官比较立体的人尤其适合对比色搭配，因为强烈的对比色搭配可以把她们强烈有力的面部五官衬托起来，将其与生俱来的气场展现得淋漓尽致。

对比色搭配是比较强烈、夸张的搭配方法，所以选择的首饰也要夸张、强烈，否则就会呈现出不协调的效果。在使用对比色搭配时，配饰的颜色最好是选择服装中任意单品的颜色，比如当你穿着红色配绿色时，包包的颜色可以是红色，也可以是绿色。当然，黑色或白色包包也是可以的，但是请一定要注意，整体搭配中不要超过三种颜色。

❀ 无彩色搭配法

所谓无彩色，也就是黑、白、灰三个颜色。

很多不懂得如何搭配的人，都喜欢穿黑白灰，因为她们觉得这样搭配最安全。这三种颜色确实可以独立搭配，经常能穿出气场强大、大牌范儿的效果，有不少服装品牌就以黑白灰为主旋律。但是你需要认真观察自己的肤色与风格气质，看看你是否适合穿一身的黑白灰。因为：

并非所有人都适合无彩色搭配。

暖色调和浅色调的人要尽量回避全套无彩系搭配，否则会让她们看起来无精打采，就像刚生完一场病那样毫无生气。

但是，黑白灰可以跟任意一个有彩色系搭配，比如黑色、白色可以和红、橙、黄、绿、青、蓝、紫色中任意一个颜色搭配出很出彩的效果。而灰色则可以和任意一个柔色系——灰绿色、灰蓝色、粉红色、土黄色等颜色搭配，也就是加了灰色后的彩色，因为它们的色彩基调在同一水平上，搭配在一起会显得很协调。

上述只是很简单、很基础的色彩知识，如果只是读文字，可能会让你感到枯燥无味，所以建议你还是拿起手中的彩笔，随便跟着书里的指引画几笔，你会发现在色彩的世界里徜徉，还是蛮有趣的一件事，你会发现原来仅仅是色彩的变化，就能传递出各种不同的视觉感，会更能提升你学习色彩搭配知识的兴趣。

此外，如果要真正掌握色彩搭配的能力，还需要你继续花一些时间和精力，去观察、琢磨和体会，甚至参加相关课程的系统训练。这本书只是为你打开一扇窗，让你初步了解服饰色彩和人天生的身体颜色的关系，理解"取象比类"原理在服饰搭配中的重要性，了解色彩搭配的基本规律。

如果这本书能帮你达到这些效果，我们就已经很满意了。

4. 如何给自己化无痕彩妆

一些女孩儿不会化妆，在她们之中，少数人是从未有过化妆的愿望，大部分人则是在化妆中遇到挫折，对自己的化妆水平深感失望，所以放弃了化妆。

化妆确实是个技术活儿，尤其是化无痕裸妆，更加需要一些技巧。

通过对多名学生的观察，我发现不化妆的女孩都对化妆有认知误区，如果没有去除这些误区，学习再多化妆技巧都派不上用场。接下来我要把这些误区一一告诉你，并解释其中的原理。

❀ 误区一：化妆品会导致皮肤过敏或堵塞毛孔

首先，国家对化妆品的检验检疫标准非常严格，一个化妆品品牌只要能进入正规超市进行销售，基本上都是合格品，是可以大胆使用的。其次，能进入正规商城的一线品牌化妆品大多都经历过漫长的市场检验，而且它们的造假代价非常大。所以，去正规商超购买的化妆品一般都可以放心使用。

在这里我要告诉你的是，化妆非但不会对皮肤有伤害，反而还能保护皮肤，因为化妆品能隔离空气里的灰尘、螨虫、汽车尾气等污染源，并且部分粉底还有防紫外线的功能。

如果你确实在化妆之后出现皮肤过敏或长痘的情况，那么可能存在以下三个原因：

①你对所使用的化妆品里面的某种成分过敏，就像有些人对芒果、芦荟、花粉等植物过敏一样。

②皮肤长期没有用过化妆品，突然使用之后，皮肤会有一个调适期，这期间会有轻微的过敏现象，比如长痘或起疹子，等皮肤适应了，就会回到正常状态，时间一般是一个星期左右。

③打粉底的手法错误。人的皮肤毛孔是朝下长的，所以涂抹护肤品的时候，手势要朝上，这样可以让皮肤充分吸收护肤品；但是因为粉底是粉质的东西，不能让它进入毛孔，所以手势应该朝下拍擦或朝耳朵方向横推。

对于第一种情况，比如粉底，你可以选择防过敏的粉底，比如阿玛尼精华粉底液、希思黎植物粉底液、雅漾幻彩粉底液等。你还可以在购买粉底时先试用，将粉底擦在耳朵背后，停留半个小时，观察涂粉底的部位有没有发红和发痒，如果毫无异样，说明它不会导致你的皮肤过敏，可以大胆使用。如果反应不太好，果断弃之，再去尝试其他品牌即可。对于第二种情况，你可能需要耐心地等一等，让皮肤慢慢适应化妆品的感觉。而第三种情况，在本节后面部分，我会详细教你正确的上粉底手法。当然你也可以提前跳过去阅读那个部分的内容。

❀ 误区二：总觉得自己脸大，化了妆会显得脸更大

事实上，学会正确化妆是可以让你的脸变小的。因为有一种立体化妆的方法，专门针对脸型偏胖、偏宽的女生，效果比打瘦脸针更自然，更漂亮。我认为所有女性都应该掌握这种化妆手法。

你只需要掌握三个要点：

①粉底、高光和暗影。粉底越厚会越显脸胖，所以粉底一定要薄。打完底妆后，在两边眼窝刷上淡淡的棕色眼影，可以让眼窝显得更立体。然后在鼻梁上刷淡淡的高光——切记不要歪——鼻子是整张脸的中轴线，刷歪了会让脸看起来不端正。最后在脸颊外侧刷上淡淡的棕色阴影粉。这样你就成功让内轮廓显得突出，在视觉上显得鼻梁高挺了，眼窝变深了，脸型拉长了，让你的脸看起来明显变窄，变精致。

②眉型和眉毛的画法很重要。眉毛的长短对脸型的影响非常大，长眉毛可在视觉上把脸变小，而短眉毛则可以在瞬间把脸变大，而且还会显得额头很窄。所以，一定要选择适合自己的眉型。如果你脸型偏短偏宽，那么上扬眉可以成功拉长你的脸型，瞬间把你变成小脸美女。如果你是典型的长脸，那么水平眉能把你的脸往横向拉宽，使你的脸看上去有圆润饱满的感觉，添加一些女性的柔美。

③找到最适合你的眉型。为了更好地给自己设计眉型，你可以对着镜子好好研究一下自己的脸型，看看你是属于短宽型，还是属于长条型，或者属于不规则脸型。同时，你还需要去网络上，搜索下载"眉形大全"的图，去了解上扬眉、水平眉具体的形状。

✿ 误区三：化妆后显得面相"凶"或艳俗

这其实和天生的气质风格的曲、直有关（通过前文的阅读，想必你对这些概念已经有所了解）。

如果没有掌握正确的化妆技巧，曲线型风格的女性可能化出浓艳俗气的样子，从而招致别人异样的目光，让你感到不安全和不被尊重；而直线型风格的女性则容易化出距离感很强的感觉，不笑的时候会让人觉得你"很凶"，让别人不敢靠近你，不利于人际交往。

所以，想要既呈现出自己的亲和力，又能给人端庄得体的感觉，掌握无痕妆的技巧就显得非常重要了。

首先来说说曲线型人的无痕化妆术。

曲线型女性一般都是脸蛋圆润饱满，上镜容易显脸大，腮红与口红稍微化重一点就会给人留下浓妆艳抹的印象。所以，曲线型女性如果想要增加脸型轮廓的立体感，化裸妆时一定要注意三个要点：

①强化线条感。眉毛、眼线和睫毛膏是重点关注的部分，睫毛膏最好多涂一层，那会让你的眼睛显得深邃有神，同时会显得你更时尚

年轻。

②弱化色彩感。选择最接近自己肤色的裸色眼影，腮红和口红也要用最接近自己肤色的肉粉色，这样就不会化出浓妆艳抹的效果，而是淡雅和谐的感觉了。

③恰当使用暗影粉。在脸型外侧边缘处刷上淡淡一层暗影，能让肉肉的脸看上去显瘦，也能让五官在视觉上更显立体感，既增加了面部五官的立体感又不失亲和力。

接下来我们来说说直线型人的无痕化妆术。

直线型女性的脸型轮廓一般比较骨干、立体，相比较曲线型女性来说会显得更有力量感，同时也会有些距离感，眼线和眉毛颜色稍微化深一点，就容易给人留下很凶的印象。所以，直线型女性要在增加亲和力上下点功夫。

直线型人化无痕妆，也有三个要点要注意：

①弱化面部线条感。眉笔和眼线笔可以选用深棕色，因为直线型人的眼睛通常都深邃、聚光，棕色眼线可以减弱眼神的犀利感，从而减小人际交往中的距离感。

②稍微强化面部色彩感。直线型人容易给人冷淡的感觉，可以通过腮红和口红增加些温度感。比如眼影要选择接近肤色的裸色，腮红和口红则选择接近肤色的红色，二者色调一致，且不能太浅淡，当然也不能太浓艳。

③在面部内轮廓打高光。在太阳穴和苹果肌内侧刷上淡淡的高光，

以增加饱满的感觉，但是不能过于明显，轻描淡画就好，既显年轻态又显亲和力。

❀ 误区四：涂了口红和腮红，却让你看上去更憔悴了

出现这种情况，大多是因为没有选对适合的口红和腮红颜色。

相信通过读这本书，你已经知道了，腮红和口红虽然都是红色，但是红色也分深浅和冷暖，皮肤偏白皙的人适合用艳一点的腮红和口红，皮肤偏暗的人则适合色深一点的腮红和口红。

如果你是冷肤色，就要用玫红色系的口红与腮红，如果你是暖肤色，那橘红色系就是你的首选了。此外，腮红和口红一定要同色系，比如：玫红色系的腮红要搭配玫红色系的口红，橘红色系的腮红则搭配橘红色系的口红。也就是说，冷色配冷色，暖色配暖色。如果冷暖色调不一致，会让你脸上的色彩不搭调、不协调，不但会变成奇怪的大花脸，还会显得很俗气，将会破坏你的整体形象。

❀ 误区五：涂个口红、画条眉毛就算是化妆了

有些人在理性层面知道化妆的重要性，但是对化妆的理解却非常片面。嘴唇不够有血色？那赶紧去买支口红；眉毛有些稀疏？那就买支眉笔吧。然后应付式地抹点口红或画一道眉毛就出门了。她们认为这就是

化了妆。

在我看来，这根本不能叫化妆，而只是一种心理安慰。事实上，如果不打粉底，只是涂口红、画眉毛，非但达不到提升美感的目的，还会让你的整个面部看起来很突兀，很不协调。就像在未经修整的画布上毫无依据地随手划几根线条，涂几个颜色，这并不能称之为艺术作品，是没有什么美感可言的。

一个完整的妆容，包括底妆、线条、色彩、明暗修容，四个部分缺一不可。现在我们就来谈一谈，如何给自己化一个完整的无痕妆。

你需要的化妆工具包括：

妆前乳、粉底液、定妆粉、眉笔（或眉粉、眉膏）、眼线笔、睫毛膏、睫毛夹、眼影、腮红、口红、修容粉（高光粉、暗影粉）。

如果你脸上有斑点、痘印和黑眼圈，还需要用到遮瑕膏。

如果你在此之前是从未化过妆的小白，请不要忘了添置眼唇部和面部的卸妆产品（卸妆乳、卸妆油或卸妆水），每天晚上临睡前务必仔细地卸妆，再用洗面奶清洁，然后再进入护肤程序。

❀ 无痕妆第一步：底妆

这个步骤需要用到粉底液和定妆粉。

用拍擦的方法（如果用力度来划分"拍擦"二字的话，那么拍的力度占三分之三，擦的力度占三分之一）、方向朝下打粉底。每个角落都

要覆盖，比如眼睛周围、鼻子两侧、嘴巴周围，包括发际线。打完粉底后如果皮肤干爽的话就不需要定妆，如果有些油腻的话，就用干粉扑蘸少许散粉轻轻一按就好，主要是 T 字部位和眼睛、嘴巴、鼻子的周围。

❀ 无痕妆第二步：眉毛和眼线

无痕妆的眉形大致分为三种：水平眉、自然弯眉、上扬眉。

如果你是长脸型或椭圆形脸型，会比较适合水平眉；如果你是方脸型，会比较适合上扬眉；如果你是圆型脸型，那么画自然弯眉就很好。如果你皮肤白皙，就用棕色眉笔，如果你皮肤偏深，用深棕色的眉笔就好，如果你天生眉毛就已经很浓密，那么用深棕色眉笔把眉尾画长一点就好。

用眉笔轻轻地、一点一点地为眉毛着色，直至它慢慢显现出你想要的颜色为止。自然好看的眉毛，眉头的颜色最淡，然后颜色逐渐深、慢慢过渡到眉峰，眉峰的位置是最深的，然后又逐渐淡、慢慢过渡到眉尾。

眼线在化妆中是非常重要的部分。如果你是双眼皮，就画上内眼线（也就是我们常说的美瞳线），如果你是单眼皮或内双的眼睛，那么只要画后眼尾就够了。另外，无论你是双眼皮还是单眼皮，眼线在后眼尾都要略微延长一些，这样可以使眼睛形状更漂亮（眼线通常是在上完眼影之后再画的）。

如果你觉得每天画眼线和眉毛很麻烦，也可以请专业的纹绣师帮忙，现在的美容技术日新月异，手工纹绣的眉毛和眼线可以达到非常自然又持久的效果。

❀ 无痕妆第三步：眼影、腮红和口红

眼影通常是在画眼线之前上。选择最接近自己肤色的裸色眼影（如果你是暖肤色就选偏黄的裸色，如果是冷色调的皮肤那就选偏粉的裸色），直接用手指做工具，在上眼皮轻轻涂上裸色眼影，从睫毛的根部均匀过渡到眼窝的一半，再用手指上的余粉过渡到整个眼窝。

腮红和口红则用最接近自己肤色的颜色就好（如果你是暖肤色就选偏橙红色的腮红，如果是冷肤色那就选偏玫粉色的腮红）。切记，腮红和口红色调一定要一致。

❀ 无痕妆第四步：睫毛膏和明暗修容

用睫毛夹紧贴睫毛根部轻轻加力，把睫毛变成弯弯上翘的状态，然后用睫毛膏"Z"形来回刷睫毛，直至所有的睫毛上都均匀沾着睫毛膏为止。

明暗修容，即高光和暗影。化无痕裸妆时，这个步骤非常重要，它们可以帮你达到脸型立体、五官分明的效果，可使整个人看上去精神饱

满，气场十足，而且还很上镜。

在高光和暗影的部分，你需要记住一个重要的基本原则：

需要突出的地方刷高光粉，需要收敛的地方刷暗影粉。

通常面部的中心区打高光的部位会比较多，比如额头、鼻梁、眉骨、太阳穴、卧蚕处、苹果肌内侧、下巴等；而暗影通常用在两个地方，一是眼窝，为突出鼻梁和眉骨，加强眼部的立体感；二是脸型的外轮廓，因为中国人脸型大多数比较平面，在脸颊的外侧，沿着发际线刷上暗影后，脸会瞬间在视觉上变小（哪个位置宽就在哪个位置刷暗影粉）。

刷暗影时，要注意暗影粉不能太多，只需淡淡一层就好，以免露出痕迹，当然，如果你天生就是巴掌小脸，那就不需要打暗影了，只需要在内轮廓刷上高光粉就可以。

无痕妆的最终效果就是有妆似无妆。也就是说你明明化了妆，可是别人和你面对面聊天时，却感觉不到你的妆感，而只是觉得你的皮肤质地很好、五官很精致、漂亮，整个人看上去神采奕奕，富有吸引力和亲和力。

要化出一个漂亮的无痕妆，需要你养成每天化妆的习惯，那么时间长了，你可能会从最初需要 30 分钟才能完成化妆，到只需 10 分钟就能漂漂亮亮出门。

5. 如何为自己设计减龄发型

发型能给人留下深刻的印象，因为头发距离面部最近。一场社交活动过后，人们也许会忘记你穿什么样的衣服，却会记得你留什么样的发型，是长发还是短发，是直发还是卷发，是黑色还是其他颜色，发型是否衬托了你的气质，是否修饰了你的形象，等等。

发型是一个人整体形象中最核心的部分。

我们不能独立地评价发型，而要跟一个人的脸型、肤色、体型、性格、职业等信息结合起来综合地去评价。也就是说，一个人的发型一定要考虑以上几个因素来设计，否则就可能会破坏人的整体形象气质，带来适得其反的效果。所以在为自己设计新发型时，要谨慎地设计、慢慢地改变，因为发型一旦做出来，就会维持好长一段时间。一个不适合的发型会在一段时间内影响到你的自我感觉。

说到发型，让我想起女友晓培。

晓培在银行工作，收入不菲，就是一直没有遇到心仪的结婚对象。

在一次下午茶的约会中，她伤感地提到，晚上要去跟男友吃最后的晚餐。他们是经亲戚介绍认识的，年龄相近，条件相当，可是处了快半年，感情却始终没有进展。昨天男友终于提出，自己工作太忙怕耽误了她，两人决定友好分手。

又一次面临失恋，让晓培感到很是挫败，这才约我出来聊聊天，疏解一下郁闷的心情。我看着面前的晓培，扎着松垮的马尾，长而略显毛糙的刘海儿随便夹在耳后，露出有些宽大的额头。虽然她精心化了淡妆，却仍然有种乡村气息，还伴随一股掩饰不住的颓丧之气。

怎样才能让晓培在分手饭上扳回一局呢？我很快有了主意，于是拉着她就往发廊跑。

趁晓培去存包的时间，我跟发型师沟通了一下，所以等晓培一坐下，发型师毫不犹豫地剪掉了她留了多年的长头发。取而代之的是一头齐肩的内扣梨花烫，还染了浅棕色的颜色，很是衬托她的黄肤色，空气刘海遮住了她的额头，她那肉感的脸颊在内扣卷发的相比之下变得小多了，整个人看上去像是年轻了 10 岁，气质与之前完全不同，显得非常优雅知性、时尚大方。晓培看着镜子里的自己，欣喜若狂，很是惊讶，也不再为失去长发感到遗憾了。

第二天一大早，我接到晓培的电话，她兴奋地说着男友是如何整个晚上眼睛都停在她身上，在送她回去的路上，还提出再给彼此一段时间来深入了解。

其实，在我的工作和生活中，类似这样的故事经常发生。

作为形象设计师，我经常听到的问题是：为什么图片上的发型很好看，我参照做出来后却有些惨不忍睹呢？我就会回答说：

一款发型不可能会适合所有人！

很多女人都跟晓培一样，多少年就是扎个马尾，或者一头短发留到老，不敢轻举妄动，因为每次蠢蠢欲动想换发型的时候，大脑里就会跳出来很多的担忧：新发型做出来会不会显老气？会不会很难打理？染的颜色会不会难看……这样的担忧也不无道理，毕竟，有着优秀的设计能力，同时还具备高超的操作水平的发型师确实不常见。但是，如果你足够了解自己的风格，还能向发型师清晰表达你的需要，就能大大提高做适合自己发型的成功率了。

接下来我们就来具体说说，发型设计都需要注意哪些细节，以及发型对个人的整体形象有哪些影响。

❀ 发型和性格、职业身份有关

性格内敛的人通常比较安静柔和，所以也适合做安静的、唯美的发型来相匹配，比如梨花烫、内扣卷；性格外向的人则适合动感、个性化的发型，比如波波头或满头烫卷发，大量感的人留长卷发，小量感的人则留短卷发。

人的发型也要和职业身份匹配，尤其是在工作状态时。公务员、幼

儿园老师、形象设计师、律师、企业上班族等各种不同职业的人，在发型上当然也会有不同的特点。比如幼儿园老师，会比较适合活泼动感的发型，而公务员、律师、企业上班族等则更适合做符合大众审美的发型，长发最好能盘起来，短发要打上定型水，当然也不适合染过于夸张的颜色，总之要突出端庄得体的气质，给人专业的、可信赖的感觉。形象设计师是一个时尚的职业，需要给人留下较为前卫的印象，发型可以稍微夸张一些，有些不规则的感觉，头发颜色上也可以跳跃一些，充分利用发型来展示自己职业身份。

当然，你只需要在工作场合遵循这些原则，生活中依然可以按照自己原有的形象气质和喜好来打扮，展现更加丰富的自我风采。

✺ 发型和身材有一定的关联

如果你的身高低于 160 厘米，那么头发的长度最好不要超过肩膀，否则就会拉低你的身型比例，不但显得个子矮，还会给人老气横秋的感觉。如果你身高超过 170 厘米，那么你可以考虑留长发，让头面部与身体看上去有衔接感，不会脱节，这样也会让你显得气质更好。

如果你身材偏瘦、发量又多，可以考虑把头发打薄，或者把头发盘起来，也可以扎一半留一半，千万不要全部散落在肩膀上，因为那样会使厚重的头发过于突出，显得你更瘦小，以至于完全淹没了你的气质和气场。

如果你身材偏胖，那么你的发量一定要保证足够多，因为这是头部与身材保持平衡的唯一方法。如果发量不够多会形成头轻身重的效果，所以如果你发量很少，建议你考虑做满头烫的微卷，主要是增加发量，以免让你整个人看上去又胖又壮。

❀ 发型和脸型也有着非常直接的关系

这是设计发型时要考虑的核心因素。因为发型跟面部紧密相连，所以脸型的大小、轮廓和发型的选择息息相关，而天生肤色的冷暖色调——偏白皙还是偏暗色——则直接影响发色的选择。如果发型和发色、脸型和肤色完全融洽，能让你瞬间年轻 8 ~ 10 岁，大大提升你的气质和品味；反之，则可能会让你瞬间变老 8 ~ 10 岁，并且破坏你原有的天然韵味。

所以在设计发型之前，一定要了解自己的脸型和肤色，然后充分利用发型来修饰脸型的不足，突出天生的优点，达到扬长避短的效果。

椭圆形脸有标准的"三庭五眼"，号称最美脸型，可以驾驭多种发型，所以不管什么样的发型，到了她们脸上，哪怕不特别出彩，也不会觉得难看。所以她们做发型时，只需跟随自己的喜好和职业来定就可以了。

有三种脸型是很考验发型设计师的，即圆形脸、方形脸和菱形脸。这几种脸型其实也是中国人里很常见的脸型。她们的"三庭五眼"不太

规则，需要借助发型设计来修饰，才能让她们看上去接近标准脸型，达到减龄效果。

现在就让我们来谈一谈这三种脸型适合什么样的发型。

● 圆脸型

圆脸型的人有天生的少女感，哪怕年龄很大了也能显得很年轻，当然前提是要选对发型。

如果圆脸型留了一头直发，就会显得脸比较大，因为脸蛋很圆，发量却那么单薄，根本不能遮掩和修饰脸型的肉感，也无法拉长脸型，只会让脸显得更圆更胖。圆脸配直发，还会形成明显的违和感，破坏圆脸型本来的甜美气质。比如演员杨紫（欢乐颂里的邱莹莹），她留卷发时小巧可爱，气质甜美，可是只要一留直发，立刻就土味儿十足，还显得比实际年龄成熟很多。

圆脸型比较适合卷发或梨花烫，如果你不知道"梨花烫"是什么，可以在网络上搜索一下图片。

头顶做成微卷后，能够营造出一种蓬松感来，在视觉上能起到拉长脸型的效果，而脸颊两侧的卷发，又能遮掩一下圆脸特有的肉感。经过这两个部位的修饰，圆脸就变成了椭圆形脸，当蓬松的头发与脸型相对比时，脸就瞬间变小了很多。这叫作参照法变瘦。即一个部位看起来偏大，那么就用另一个更大的参照物来与它做对比，让它在视觉上显得小了。

不过，圆脸型的人要记住几个细节：卷发的波浪大小根据脸型大小而定，小圆脸适合做小卷的梨花烫或者小波浪，中等圆脸适合做中波浪或者中卷的梨花烫，大圆脸当然就适合烫满头的大波浪，或者大卷的梨花烫。

● **方脸型**

方脸型的人最容易设计发型，甚至可以不用怎么特别的设计，因为方脸型的人非常适合直发，而我们中国人大部分都是天生的黑色直发。

脸型大小和头发的长短直接相关，小方脸可以留短直发，中方脸适合留齐肩直发，大号方脸当然是留长发最好。不过，如果只是清汤挂面式的直发，未免会显得单调乏味，所以，长头发的你可尝试在发梢部分稍微内扣，但是内扣的效果不能太过明显。这样既增加了设计感和时尚感，也能让方脸型透出一些柔和感。

方形脸一定要避免烫卷发。

因为方脸型的人给人直线感，脸型外轮廓的边缘是方形，脸颊比较平直，线条感很强，不像圆脸型有肉嘟嘟的感觉，所以方脸型如果要烫成卷发的话，会显得比实际年龄要大。比如李宇春，直发的她看上去满是青春活力，像是回到十几年前刚出道时的清秀年轻，可是一留起卷发来，就会显得过于成熟，透着一种奇怪的沧桑感。再比如主持人陈鲁豫，她也是方脸型，所以一直保持直发，即使有改变也是大同小异。她在荧幕上十几年，没有明显变老的痕迹，这其中她的发型起到了非常大的作用。

● 菱形脸

菱形脸有两种，一种是额头和下巴窄，脸型的左右两侧宽，这样的脸型又叫"钻石脸"，顾名思义，就是像钻石一样棱角分明的意思，有代表性的明星人物有王菲、张柏芝、莫文蔚等。另一种是颧骨高耸，脸颊凹陷，骨骼感很明显，整个脸型呈现出凹凸不平的模样，有代表性的明星人物有金星、张雨绮、邓文迪等。而这类脸型的人通常是大量感。

菱形脸适合的发型有很多，她们可以直发，也可以卷发，可以短发，也可以长发。她们能驾驭多种风格的发型，并且造型越夸张就越能凸显菱形脸的独特气质。至于要时尚、个性、夸张到什么程度，就要根据脸型的棱角和凹凸程度来决定了。

如果脸型的凹凸感很明显，那么发型夸张的尺度可以大一些；如果凹凸感不太明显，那么发型夸张的尺度可以相应的小一些。总的来说，不规则的脸型需要匹配不规则的发型。这也是为什么发型设计要因人而异的原因。

菱形脸的直发发型，可以做成不规则的或不对称的沙宣直发，长短根据个人的喜好，如果脸型的棱角感很明显，可以在头发染色上下功夫——小脸型做挑染，大脸型则做片染。菱形脸的卷发发型，可以是爆炸型短发，可以是中波浪齐肩的中长碎发，还可以是满头波浪的长发，颜色可以做跳跃的挑染，比如红色、金色等。

菱形脸的发型设计有三个要点：

①额头两侧的头发要做出蓬松感，目的是用来修饰菱形脸额头偏窄的缺点。

②脸型两侧的头发要收敛一点，自然垂放，形成纵向拉长的效果，目的是遮掩脸型两侧太宽、颧骨太高的缺点。

③如果发量足够厚，无须专门去烫卷；如果头发稀少又柔软的话，就需要烫发才能达到增加发量的目的。

❀ 最后再来说说头发的颜色

人的面部肤色与头发的颜色密切相关。如果你是暖肤色，就适合染棕色系列，浅暖肤色搭配浅棕色头发，深暖肤色则搭配深棕色头发。如果你是冷肤色，那么你就适合染紫红色或棕红色的头发。浅冷肤色搭配浅棕红色头发，深冷色皮肤则搭配紫红色和深棕红色的头发。

当头发的颜色与肤色有共性时，会使皮肤看上去富有光泽感，淡化脸上的瑕疵，让面部五官看上去更精致，眼睛更有神采，整个人的精神状态也会显得很饱满。如果暖肤色染成了冷色调的发色，会使你的皮肤看上去泛青或泛灰色，导致脸上的瑕疵更明显，让整个人透出一种不健康的状态。同样的，如果冷肤色染了棕色的头发，眼睛会显得呆滞无神，也会让皮肤看上去显得发黄，色泽不均匀，像是没洗干净脸似的。

　　综上，如果想通过发型达到减龄的效果，只要了解自己脸型的大小和曲直，身材的高矮和胖瘦，性格是安静还是好动，再结合你的肤色、职业特点、个人特质等细节，就能为自己设计出两款减龄 8 ～ 10 岁的发型了。你以后再也不会因为依赖某一个发型师而感到苦恼，因为你已经是自己的发型设计师了，只要找一个有一定实操经验的发型师，告诉他你对于发型的设想，就可以做出适合自己的减龄发型啦！

第三章

探索你的内在自我

1. 把"了解自己"当作一门功课

在求学阶段，从小学、初中到大学（硕士、博士、博士后），我们学习了很多功课。可是由于各种各样的原因，我们却很少有机会学习"了解自己"这门功课。这使得有些人根本不知道自己擅长什么，喜欢什么，有什么需要，甚至都不清晰自己的价值观。也让他们每当面临需要选择的时刻，要么感到一头雾水，困在迷茫和无力里；要么焦虑地到处问别人的意见，希望找到公认正确的答案。

因为在成长的过程中，从未有人教他们该如何了解自己，甚至都没有人提过这样的概念——我们的上一代大多都没有时间和空间去探索和理解自己。一对不了解自己的父母，恐怕也无法教孩子如何了解自己。

那意味着在"了解自己"这门课上，我们都是在差不多的水平线上起步发展。就算现在你还不够了解自己，但其实别人也差不多啊。这么一想，是不是对这门功课的心理压力立刻就减少了很多呢？

❀ 越早学习越容易

如果把"了解自己"视为一门功课，那么越是年轻的人，学习起来就越容易。这门功课就像一门语言，越早开始学习，它就越容易成为第二母语（同样都是学英语，5岁开始学和25岁开始学，学习效率肯定是不同的）；也像是一种思维方式，原本固化的认知和信念越少，它就越容易被理解和被吸收（"好的负债帮人富裕，坏的负债致人贫穷"，越年轻的人就越可能接受这样的好观念）；这门功课还像是一种生活方式，越早开始践行就越容易内化为无意识习惯（阅读的习惯开始得越早，就越可能从中找到乐趣）。

所以我们可以这么说，越早学习"了解自己"这门功课，你付出的成本就越低，所获得的收益就越大。反之，如果学习开始得太晚，就会面临很大的挑战，也会需要更多的时间，付出更多的精力。

王英明今年55岁，是一家大型国企的中层领导。在访谈的初始阶段，她花了很多时间谈论自己的业务能力有多强，如何毫不费力地处理某个工作项目，如何成功地赢得客户的好评。最后才谈到，临近退休时，她回顾整个职业生涯，觉得自己本该有更好的发展，只是受限于种种意料之外的事，比如企业改制、直属上司调职等情况的影响，才导致目前的境况。

当我试探着询问她，除了这些环境和他人的因素，她是否分析过和

自己有关的原因时，王英明突然变得很激动，生气地质问我是不是在暗示她很无能，是不是想说是她自己导致了失败的人生。

我回应她说，似乎我的问话让她感到恐慌，我们是否能一起看看，她的感觉是否有什么意义。王英明意识到了自己的失态，但也不愿意继续谈论自己，咨询就此进入东拉西扯的模式。

在过去的五十多年里，王英明一直用自我美化来应对挫折感，也用自我美化来维持自尊感，还用自我美化解决内心的焦虑感。就像善于用剑的侠客，由于经年累月的重复练习，她的剑术出神入化，她的潜意识也会随时寻找用剑的时刻，以便找到力量感和控制感。

此时有人告诉她，这世界上除了剑之外，还有很多别的兵器需要学习，甚至很多时刻根本就不需要兵器，所以她还需要学习如何不用兵器就能制胜。人生走了一大半才忽然发现，自己还有那么多功课未及学习，在某些原本应该用其他兵器——刀、戟、棒、飞镖、轻功等的时刻，她都习惯性地用了剑，仅仅是这个真相给她带去的惊吓，都需要花很多时间去消化，就毋庸再提此时重新学习新知识和新技能的接受能力问题了。

所以每当有人想推荐自己年迈的父亲或母亲来接受心理咨询，我都会善意地告诉他：我不一定能帮到你爸爸（妈妈），只能试试看。

亲爱的读者，我要非常真诚地恭喜你，你还那么年轻，正是能很容易吸收新知识、新能力、新观念的年龄，所以接下来的内容非但不会让你感到恐慌，反而会为你打开一扇通往潜意识的大门，帮助你进入自己的内在世界，并从中汲取积极的、充满活力的内在力量。

✿ 课程内容概况

正如前文所言，"了解自己"这门课就像是一门新的语言。你不妨回想当年学习英语、法语或德语的情形，通常来说，学习新语言时，从完全陌生到熟练掌握，总是需要一个循序渐进的过程，也需要从量变到质变的积累。

在学习新功课之初，我们总是需要先了解这个科目的概况，比如：这门功课都包括哪些内容？有哪些学习方法？考核标准是什么样的？

那么作为一门功课，"了解自己"的内容包括：

● 家族遗传

仔细观察、思考和分析你的父母，无论你是否喜欢他们，你在很多方面——言谈举止、思维方式、价值信念、情绪模式等——都像他们，尤其是三十岁以后的你。如果你家族长辈经常都很愉快，那么你也是；如果相反，你的家族长辈时常愁眉苦脸、苦难深重，那么你也是。可以这么说，遗传基因就是你人生的基调，这个是没得选的。但你可以通过自己后天的努力，通过了解自己，通过自身的努力，慢慢改善家族基因里的部分内容，使得那些原本一代一代传下去的有害模式在你这里可以得到终结——当然那需要一个并不容易的过程。

● 关系模式

在关系里，你相对被动还是比较积极主动？你习惯性地取悦别人，还是更希望别人来取悦你？或者你比较居中，时而被动时而主动，你会去取悦别人，但也等着别人来取悦你？在进入感情关系时，你会因为恐惧被抛弃而表现冷漠？或者相反，你会因为恐惧被抛弃而表现得热情似火，如胶似漆。

值得一提的是，你成年以后的关系模式一般由三个部分组成：

A.遗传基因——父母的内在关系模式；B.关系基调——你幼年时与父母的关系模式；C.后天学习——父亲和母亲之间的相处模式。

● 内在信念

每一个人的内心都有一些没来由的"应该"和"不应该"。比如做人应该要简朴，做人不应该骄傲等。这些信念都是基于你很小的时候，它们在你的思维模式里是真理一般的存在，很少被质疑，所以你几乎感知不到它们的存在，却一直在行为、情绪和思维上受它们的影响。

● 价值观

对你来说，什么是最重要的？一个人如何度过这一生，就可以被认为是成功的、有价值的、有意义的？

● 主要情绪

主要情绪是指你比较容易体验到的情绪和情感体验。举个例子来说，有些人特别容易愤怒，还有些人更容易体验到内疚，或者是其他什么情绪，比如羞耻、委屈、无助等。每个人都有 1 ~ 2 种主要的情绪是经常在他们生活中出现的。

● 心理需要

马斯洛的需求层次论告诉我们，人们的需要包括最基础的生理需要，中间阶段的心理和情感需要，以及最高级的精神和自我实现的需要。但具体到不同的人，人们的需要可能并没有被区分得如此清晰和具体。一个物质条件已经富足的人，可能仍然在追求安全感；一个月收入只够基本生活的人，也许正在追求自我实现。基于不同的成长背景，人们的心理需要也是千差万别的。

● 害怕阻碍

这个部分是指当人们面对自己的心理需要时，也会涌起一些担心、害怕和心理阻碍。比如一个渴望被爱和被照顾的人，却同时羞耻于自己的需要，因为他认为被照顾的人是软弱的，无能的。有了这样的感觉和认知，他可能会害怕于自己对他人的需要，也害怕被别人看到自己有脆弱的部分。

● 应对方式

既然那么害怕被人看到自己的脆弱，人们自然就会发展出一些应对方式，防止被别人看到自己。那么他们可能会假装一切都很好，也可能用各种方式让别人不舒服，这样别人就不会再靠近他，他就能保全自己的坚强形象了。心理学家会用"防御方式"这样的专业术语来形容他们的做法。

一个人的关系模式、价值观、内在信念、主要情绪……这些所有内容，都和家族遗传息息相关——因为你祖先是这样的，所以你父母是那样的，所以你的被抚养方式就是这样的，你和父母的关系模式就是那样的。如果在成长的过程中，你一直没有学会"了解自己"这门语言，没有经常自我反思和自我调整，那么，你很大可能、几乎没有意外地会成为命中注定的样子。

❀ 学习方法说明书

"了解自己"的学习方法包括：

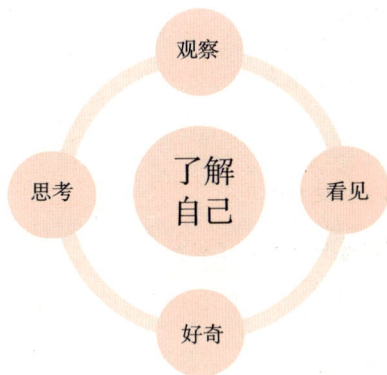

図：了解自己（观察、看见、好奇、思考）

● **观察**

即观察你自己。观察你的行为，观察你的思想，观察你的情感，观察你的心理活动，观察你的生活现象。你可能会观察到你极其讨厌某人，或者你非常喜欢某人；你还会观察到你对于某个情境总会莫名恐惧，或者你特别容易生气、特别容易迟到、特别容易改变主意，等等。

● **看见**

即看着自己而不做评判。你只是看见自己在讨厌某人，但你不会批评自己"不该讨厌"；你也看见了自己正在害怕那个情境，但你不会嘲笑自己"胆小鬼"，也不会认为那个正在害怕的自己不够好；你还看见了自己再次生气、再次迟到、再次没立场，但你只是看着那一切，你不会生气地指责自己，也不会给自己贴"我不好"的标签。

● **好奇**

即对自己的一切充满好奇。你会经常好奇地问自己：

我怎么那么讨厌他呢？

是他的什么让我那么不喜欢？

你还会好奇地想：

我为什么总在害怕这种情境？

这种情境是勾起我什么回忆了吗？

以及你也会好奇自己：

我为什么要迟到？

我在用这样的方式逃避什么东西吗？

当我生气的时候，其实我是感受到了什么？

除此之外，你可能会好奇你生活里的方方面面：

我为什么就不淡定了？

为什么不愿意沟通？

为什么不喜欢自己的某个部分？

我明明不是那样想，却为什么要那样说？

为什么我在关系里总是那么焦虑？

为什么我不断地换工作？

为什么……

● **思考**

即思考你的答案。问完自己"为什么"，总是需要有一个答案慢慢浮上心头。有时候那个答案可能立刻就来到你心里，但还有一些时候却需要等一些时间，答案才能慢慢清晰起来。

在有了答案之后，你需要就着这个答案继续思考。假设你的答案是：

我讨厌那个人，是因为他一说话就翻白眼，看起来很不可一世的样子。

那么你接下来要思考的问题是：

他的不可一世跟我有什么关系呢？

你还可以试着给自己做假设：

是不是他让我想到小学时期的班主任？

是不是他让我感到被贬低？

是不是我其实想靠近他，但他的表现让我失望？

随着你问自己的问题越来越多，你的答案也会回复得越来越快，越来越清晰，这些答案将引领着你走进你的内心世界，帮助你更深地了解和理解自己。

"了解自己"这门课最难的是家族遗传、关系模式、内在信念和害怕阻碍，因为这四个部分最复杂、最隐蔽，最难以靠自我观察去发现，或者即便发现了，要完全靠自己去改变，难度也是非常大的。所以在接下来的章节中，我会重点讲解这四个部分，尽量深入浅出地解释某些理论，介绍某些方法，试试看能否通过这本书，帮你达到某种自我治疗的效果。

2. 关于原生家庭的四个公式

古人说，"读史明智，鉴往知来"。这句话的意思是说，了解历史，可以帮助我们开启智慧；理解过往，可以帮助我们掌握未来。原生家庭，就是我们的历史之一，而且是非常重要的历史。所谓原生家庭，就是你从小出生和长大的家庭。当你成年后组成的家庭，心理学上叫做核心家庭。

没有人在真空环境中长大，也没有人可以不受到环境的影响，所有人与生俱来的本能就是寻求关系的连接。当我们很小很小的时候，父母的存在对我们来说简直事关生死，你不可能不关注他们，也不可能不跟着他们的回应来调整自己。潜意识无时无刻不在运转，不断地发出信号和接收别人的信号，然后在思想、情绪、精神和身体层面上做出回应和调整，在这样一次又一次的对流互动中，使我们成为今天的样子。

所以，去了解你的原生家庭，借着你了解到的信息，思考原生家庭给你带来什么样的影响，将更能帮助你做出属于自己的选择，成为自己想成为的样子，而不是惯性地复制父母的形象。

❀ 原生家庭的常见公式

在心理咨询师的心里，围绕着原生家庭有几个基本公式。这些公式帮我们在听完来访者的故事后，迅速推测她可能的核心问题，她在关系中寻求什么，又恐惧什么。现在我想试着把这些公式教给你，让它不但能帮你了解自己，也能一定程度上帮你了解别人。

阳刚负责的父亲＋情绪放松的母亲＋稳定开放的家庭氛围＋亲密而有界限的亲子关系＝快乐满足的高情商学霸

即父母都在各自的位置，很好地承担着自己的功能，他们很好地发展自己的人生和事业，能让孩子在他们那里学习如何成为一个男人或一个女人，他们爱孩子，却又不会侵入孩子，他们爱伴侣，却又不会放弃自己的独立性。家庭成员之间是平等和互相尊重的关系，每一个人都能在这里得到相应的滋养。

如果你有幸生在这样的家庭，那么恭喜你，你将有很大的可能会成为阳光少女，安全感很足，也很自信，虽然也会遇到挫折，但都能很快从挫折里走出来。

你还可能很信任亲密关系，能够有三五知己，很容易谈恋爱。微信朋友圈里经常转发的"又努力又优秀的学霸们"，很多都是来自这样的家庭。

就常理来说，如果你来自这样的家庭，你会有着天生的审美素养，仅凭直觉就知道自己适合什么服饰，一早就洞悉了美的真谛，从而活出最美的自己，活成无价的"艺术珍品"。

缺位冷漠的父亲＋焦虑抑郁的母亲＋冷漠隔离或争吵攻击的家庭氛围＋过于亲密缺乏界限的母子关系＝麻木冷漠或歇斯底里的人

这是中国比较典型的家庭组合之一。

丈夫由于各种各样的原因长期不在家，或者虽然在家，却几乎没有发挥作为家庭男主人的功能，他显得沉默寡言，就像家里所有的事都和他无关。他的缺位导致妻子的焦虑和抑郁，妻子的情感无处寄托无处发泄，"家丑不可外扬"的心理使妻子没有自己的朋友，于是孩子就成为丈夫的替代品，成为母亲的倾诉对象。

孩子们要么为了阻隔母亲的情绪能量而变得麻木冷漠，显得情感非常隔离，难以进入亲密关系；要么就发展到另一个极端，像母亲一样容易情绪失控，动不动就歇斯底里、情绪大爆发。

我在工作中发现，两个来自相似家庭氛围，但是又发展出不同应对方式的人，很容易结合在一起，用各自从父母那里学来的应对方式，过着和父母相似的婚姻生活。

退缩的父亲＋好强的母亲＋吵闹指责的家庭氛围＋期待与被期待的亲子关系＝焦虑无助自我质疑的完美主义者

这是中国人较为典型的另一种家庭组合。妻子通常都有"下嫁"的心理，认为丈夫是无能的，配不上自己的，因而怎么看丈夫都不顺眼。

天长日久，丈夫为了避免争端，获得片刻宁静，就真的进一步退缩，把自己变成妻子眼中的无能者。由于妻子坚信丈夫不可信赖，就把希望寄托在孩子身上，希望孩子长大之后能够奋发图强，成为有用的人。

在这样的家庭里长大，孩子无可避免地会选择认同强势的一方，而鄙弃看起来弱势的一方。但这会让孩子陷入焦虑和自我质疑里，因为所有的孩子都来自父亲，如果父亲是无能的，作为他的孩子又怎能卓越呢？

孩子在长大成人之后，就会不断寻找强而有力的父亲。很多女性会找一个和父亲相像的男人，然后尽其所能地改造这个男人，希望他可以变得强大有力量，进而可以为她提供庇护，由此陷入和母亲当年类似的困境，迎来和母亲差不多的悲剧婚姻。

暴力倾向的父亲＋无助哭泣的母亲＋暴力虐待的家庭氛围＋孩子拯救父母的亲子关系＝虐待者或受虐者

这里的虐待有两种，一种是身体虐待和性虐待，一种是情感虐待。后者的发生比较隐蔽，但是对人的影响却非常深远。影视剧里的虐恋故事主人公或者喜欢看虐恋故事的人，很有可能生活在有虐待的家庭，那种虐恋的感觉能激发他们的共鸣，让他们回到熟悉的感觉里。如果一个人在幼年时曾经被虐待，那么他成年后就可能进入一段有虐待的关系——要么他虐待别人，要么别人虐待他。

在这样的家庭长大的人，也有可能进入一段拯救与被拯救的关系——如果被虐待的人是父母，那么人们可能会找到一个可怜的人，然后拯救对方脱离苦海；如果被虐待的人是自己，那么人们可能会让自己置身于惨兮兮的位置，然后找一个强有力的人来拯救自己。

在有虐待的家庭长大的人，大多长期生活在强烈的痛苦和无助里，难以体验到生活的快乐和美好。

❀ 家庭对人的影响

如果你小时候家里非常贫穷，而且父母经常在你面前哀叹，贫穷导致他们不快乐、不幸福。那么你可能会对金钱产生怨恨和恐惧的情绪，也可能把得到金钱当作唯一重要的事。还有可能相反，你会想办法让自己过穷日子，因为你觉得贫穷是你的宿命，或许你潜意识里还会觉得，做孩子的不可以比父母更有钱。

如果你的家里有重男轻女文化，那么你可能总觉得男人很聪明很厉害，而女人却又笨又矬。那让你不愿意参与社会竞争，在很多领域"努力"让自己表现平平，因为只有那样，才符合一个女人应该有的形象。或者是相反，你不喜欢自己是一个女人，总想去跟男人竞争，为了证明女人并不差。经过多年努力之后，你得意于自己的优秀卓越，所以一边无意识地搜罗其他人蠢笨的证据，一边小心隐藏自己不甚完美的地方，时常处于紧张焦虑之中，让你辛苦不堪。

如果你长到很大了还没有和父母分床睡，比如十来岁甚至更大年龄了，还和异性父母有身体的过度亲密，那么你成年后可能会性压抑，难以享受和同龄人的恋爱，要么总是爱上无法真正亲近的男人（比如别人的丈夫或者异地恋人），要么就爱上对性不感兴趣或性无能的男人，或者干脆不小心嫁给男同性恋。

如果你小时候有寄养的经历，或者频繁更换抚养人。这可能会导致你难以信任亲密关系，总觉得别人随时可能离开你，为了防止被抛弃的感觉，只要有一点风吹草动，你就会主动抛弃对方。这很大程度上会影响你的交友和恋爱，让你活成一座"孤岛"，悲戚无助，郁郁寡欢。还有可能相反，你显得对情感需索无度，必须时时刻刻粘着你的爱人，一分一秒都不能分离，哪怕对方很糟糕，甚至虐待你，你也一定、必须、只能跟他在一起。

❀ 并不是为了改变

写了这么长，其实我是想说：

家庭对人的影响非常深远。

而我所列举的这些公式，不过是茫茫大海里的几颗水滴。人心非常复杂，关系也很复杂，家庭更是复杂到值得用几千年去讲述。在实际的生活中，原生家庭给人带来的影响绝不会这么简单明了。但是我所能在这里说的也就是这些了。这毕竟不是一本谈论原生家庭的书，更多有关原生家庭的影响还有待你去深入思考和探索。

通过父母来认识自己的最好方式之一，是写一篇文章谈论他们。

在文章里谈论父母的职业、性格、思想、兴趣爱好以及这些特质带给你的感觉，你对他们的看法，包括你和父母之间发生过的印象让你最深刻的事情，那些事情发生时父母的反应，你心里的想法和感觉。你得用如今成年人的眼光去看待他们，看待你和他们之间发生过的事，并形成属于你自己的看法。

你需要明白的是：

花时间去了解和思考你的原生家庭，并不是为了改变。

不是为了改变你的父母，也不是为了改变过去的事——过去只能接纳而无法改变——如果你没有一个令人满意的童年，承认这个事实确实很让人心碎，然而你除了承认那一切，并为那丧失的而悲伤、而遗憾，又能怎么样呢？我的工作经验告诉我，不愿意承认过去已经发生的一切，试图用今天的自己去改写过去的经验，除了让现在的自己过得更加不容易，一遍又一遍陷入过去的创痛之外，再也没有任何价值和意义了。

通过了解你的原生家庭，有什么样的文化，有什么样的规则，有一些怎样的伤痛和秘密，会让你有一种"原来是这样"的感觉，每当看到自己的不足之处，都会觉得"我这样是有原因的"，而不是一味地批判自己，认为是自己的缺点和问题。

带着好奇心去了解你的原生家庭，只是看见，只是了解，只是探索，而不是评判，不是对比，也不是试图改变。会让你更加接纳自己，更加理解自己，更加承认自己，对自己的存在更富有情感，更能拥抱自己的内心，对你的自尊感会很有帮助，也更能帮助你爱上自己，然后和自己谈恋爱。

❀ 属于过去的故事

有可能当你去梳理原生家庭的影响时，会发现自己对父母有一些怨恨。

在豆瓣上，有一个"父母皆祸害"小组。很多年轻人聚集在一起，控诉他们的父母有多么差劲。甚至有一些心理咨询师也加入其中，举出很多例证来说明，他们今天的痛苦生活都是由父母造就的。

他们被强烈的情绪裹挟着，陷入了成长的误区，因而没有能力去理解那些怨恨的情感属于小时候，怨恨的对象是小时候的父母，而非今天行将老去的父母。当他们在怨恨时，其实是沉睡在内心的小孩儿苏醒了，这让他们就像回到了童年，回到那需要高度依赖父母的年龄阶段。

如果你发现自己对父母充满怨恨，那么你需要知道，这些怨恨是属于过去的情感，而非当下，所以你可以尽情去体验和感受，不用害怕这些情感伤害到现在的父母，但也无须把这些情感付诸行动，向现在的父母讨要说法。毕竟，如果有时光机器，大部分父母都愿意穿梭回去，用你希望的方式对待你，然而当年他们确实存在自己的局限和困难。

当你在关注和探索自己的内心时，就像打开了一坛尘封已久的老酒，这个酒是几十年前酿就的，如果酿酒者在当年有什么差错，给你带来了什么伤害，导致你的酒不够香醇，也是属于那过去的时光。你需要把这一切放在过去的环境里，再用今天的眼光来看待和理解，吸收这老酒里可以滋养你的精华，同时摒弃对现在来说毫无营养的部分。

做出你的选择

最后我要为你讲述晓红和晓娟姐妹的故事。

晓红和晓娟是一对姐妹，晓红是姐姐，晓娟是妹妹。她们的父母吵吵闹闹了一辈子，45 年婚姻里曾经三次离婚又复婚。

姐姐晓红今年 43 岁，除了没有生孩子之外，她过着和父母差不多的婚姻生活——结婚 16 年，至今两次离婚又复婚。而妹妹晓娟今年 41 岁，她和丈夫结婚 15 年了，有两个可爱的孩子，是朋友圈里人人艳羡的恩爱夫妻。

在同样的家庭里出生，被父母用同样的方式抚养长大，两姐妹却有着截然不同的人生。

因为姐姐只是无意识地跟着本能去生活，而妹妹却时常在观察和反思自己。晓娟很小就意识到自己的家庭"有问题"，她在读书期间就开始大量阅读心理学书籍。及至恋爱之后，刻意使用不同于母亲的方式去和丈夫互动，在第一个孩子出生后，又约了一段时间稳定的心理咨询，认真探讨自己的育儿方式。

如此认真地对待自己和家庭，晓娟会收获不同于母亲的生活方式，就真是再正常不过了。

亲爱的读者，希望你通过这个故事能理解到：

原生家庭对我们的影响固然深远，但个人的自主选择却能战胜那些影响。

在下一节，我将教你如何去除原生家庭带给你的影响。

3. 如何去除原生家庭的影响

　　西西在某三线城市生活和工作，有一天她专程来北京找我聊天。可是真来了，却只窝在沙发里小口啜饮咖啡，眼睛望向玻璃窗外，什么也不说。我没有打扰她，就那样静静地等着她。时间过去许久，就像一个世纪那么久，西西终于长叹一口气，用很悲伤的语气说了一句话：我觉得，我的人生算是被我爸妈毁掉了。随着话音的落下，她的眼泪也哗哗地往下淌。

　　西西22岁大学毕业以后，没有像其他同学一样留在省城工作，而是回到了自己的家乡。因为她觉得自己是独生女，父母需要照顾。她本来计划先工作两年，有一定基础了再恋爱结婚。但是妈妈却不断催她结婚：咱们老家的女孩儿，23岁就是老姑娘了，你如果23岁之前不结婚，我的脸面都要被你丢尽了，人家会说你读了大学有什么用，不还是嫁不出去？你不能这么自私，你知不知道我为了你整夜整夜睡不着？

　　看妈妈那么痛苦，西西心里也挺难受的。她安慰自己说，反正女人总要结婚的，开始同意去相亲。很快就确定了一个男人，相识八个月之后，他们就结婚了。婚后还没有三年，西西就发现丈夫有各种恶习：赌博、酗酒，最可怕的是喝醉酒之后还会打她。但是父亲非常反对她离婚，父亲暗示她说：如果你离婚，我的世界都要塌了，这要是传出去让别人怎么看我？你要为孩子着想，为我们着想，你怎么是一个这么狠心的母亲，这么不孝的孩子呢？

西西于是忍耐她的婚姻到现在。直至单位的例行体检中，她被发现了疑似乳腺癌的阴影，顿时觉得自己活得实在冤枉。她已经四十岁了，却从未体验过自己想要的生活。长期的情绪痛苦让她眼眶凹陷，皮肤粗糙，看起来不像四十岁，倒像是五十岁了。

❀ 关系缠结造成痛苦

西西可以说是中国女性的一个缩影，她的困境是很多中国人的困境。要做孝顺的孩子，就要失去部分自我，过着压抑苦闷的生活；如果罔顾父母的意志和感受，坚持走自己选定的路，又会被认为是坏孩子，就此失去家庭的庇护。

似乎无论怎么选，都会体验到诸多痛苦和悲哀。

如果西西耐下心来了解自己，她可能会发现，表面看来是父母"毁掉"她的人生，但实际上这个"毁掉"的过程也有她自己的参与。因为，她的身体已经成年了，但是在心理上却始终觉得自己还是孩子，要听父母的话。或者换一个说法，在心理的层面，她还没有能够独立于父母而存在，而是把自己当作父母的一部分。

如果把这段逻辑性的话翻译成画面，那么：

西西和她的父母亲之间有很多细小的神经线，这些神经线在父母身上的时候直径大约是 1 毫米，但是当它向外伸展抓取时，却会越来越粗壮，等植入西西身上时，这些神经线的直径已经发展到 10 毫米了。

有了这样的一幅画面，你大概会理解西西的痛苦。只要她的父母感受到疼，这种疼痛就会传输到西西的身体里，并且，由于长在她身体那一端的神经线是父母的十倍那么粗，那意味着当父母感受到一分的痛苦时，西西的痛苦就会达到十分。

西西的痛苦在于，她在心理上和父母贴得太近了，以至于分不清哪些感受是自己的，哪些感受是父母的。

当父母在她面前做出一副"都是因为你，所以我才那么痛苦"的样子时，西西立刻就受不了了，她身体里的神经线十倍传输着父母的痛苦，让她来不及分辨现实和内在体验。你还可以理解为，西西被巨大的疼痛给震慑了，情急之下，西西觉得必须要做点什么，好减轻自己的痛苦，让自己暂时感觉好受一些，否则她就可能被那个疼痛震到自我崩溃的程度。于是，她选择了顺从父母的意愿，因为这样不但可以做孝顺孩子，还能安抚父母的痛苦。

然而西西却忽略了一个重要事实：

父母远比他们看起来的样子更坚强、更勇敢、更耐打击。

父母远比你强大

赵晴曾经也觉得自己的妈妈很脆弱，因为在她的记忆里，妈妈经常抱怨自己很无助、很害怕、很忧愁，而且说着说着就开始哭起来。

直到有一天，赵晴意识到妈妈其实非常强大。

妈妈养育了三个孩子，其中有两个都体弱多病，妈妈经常半夜背着孩子去医院。家里有六七亩地，有一头猪、一只狗、一只猫、一群鸡鸭，两片菜地，忙完了地里的活儿，妈妈还要洗衣服、做饭，给孩子们做衣服和鞋子，照顾公婆和父母。妈妈三十多岁的时候，大约有8年的时间，赵晴的爸爸一直在外地做生意，每年只回家一个月。而那时作为老大的赵晴也只有8岁而已。可就是这样的生活，妈妈总能把孩子们打扮得漂漂亮亮、干干净净，把家里收拾得整洁有序，猪、狗、猫、鸡鸭们都养得好好的，她还能有余力养花、唱歌、烫头发。

赵晴把这个发现跟朋友们分享之后，引发了大家的热烈讨论，所有人都想起自己父母的诸多"壮举"。有人想到自己的父亲16岁就开始工作，起早贪黑地忙碌还没有休息日；有人想起自己的母亲10岁就失去双亲，是吃百家饭长大的；还有人的父母经历了所有社会变动，三年自然灾害、上山下乡、下岗再就业等。

父辈们承受过很多我们无法想象的艰苦，却好好地活到了现在，并且还继续拥有对未来生活的希望和热情。他们的制胜法宝应该不仅仅是好运气吧。

父辈们有能力战胜饥饿的煎熬，战胜社会的动荡，战胜命运的苦难，可是西西们却在担心，他们无力承受"孩子不听话"这种小事。

这个担心是怎么来的呢？

● 分离带来成长

在自然界，幼仔长大了就会自然离窝，独自觅食。哪怕妈妈再眷恋孩子，再不舍得分离，也会头也不回地离开。因为这是大自然的规律，唯有分离，才能带来孩子的成长，也唯有分离，才能让自己的族群持续繁衍下去。

然而我们人类世界却不是这样。尤其是在农业社会的中国，过去的几千年都比较倡导所有人群居在一起，这一方面是便于集权管理，另一方面也是为了互帮互助。因为过去生产力比较落后，而农业社会的劳动又非常繁重，小家庭根本就难以应对。所以在古代的民间故事里，凡是希望和父母兄弟分家单过的人，多被描写为自私、贪婪、霸道的坏人形象。

当时间来到 21 世纪，随着城市化进程的不断加快，家庭单位越来越小，几十年前多代同堂的现象一去不复返。可是在上一代人的潜意识里，却遗留着他们童年时期对大家庭的意识和感觉，他们在意识层面知道孩子们已经长大，应该有自己的生活，可是内心深处却希望孩子仍然留在家里，继续做他们的孩子，在孩子身上感受血缘纽带的亲密感。一且孩子流露独立的想法，他们就会感到愤怒，体验到被抛弃的感觉，于是开始指责孩子不孝，是坏孩子。

作为他们的孩子，你可能很容易体验到内疚，因为父母的心理需要在暗示你：你的一举一动都牵动着他们的情绪，你得为他们的幸福快乐负责任，他们的需要和感觉远比你自己的重要得多（你还可能把父母的需要和感觉当成是自己的）。你的潜意识可能会认为，父母没有能力为他们自己创造幸福快乐，所以你必须得为他们做些什么，否则你将失去父母，更失去父母对你的爱。

但是，从现在开始：

请你尝试质疑这些感觉和想法。

如果父母没有能力为他们自己创造幸福和快乐，就不可能好好地活到现在，你大约也知道，很多长时间无法体验到快乐的人，都罹患了严重的抑郁症。

如果父母仅仅因为不满意你的某些决定，就痛苦到崩溃，伤心到要死，试问他们是怎么走过自然灾害、十年浩劫、上山下乡的呢？更重要的是，如今你不再是 8 岁的小孩子，你可能已经 28 岁甚至 38 岁了，此时即便你失去了父母的爱，你也不会露宿街头，更不会食不果腹，你已经有了彻彻底底的自我依赖、自我照顾的能力了，还有什么好害怕的呢？

● 向孩子索爱的父母

有一些父母则是因为自己太无力了，所以总想让孩子为自己提供帮助。跟孩子要钱，希望孩子满足自己的物质需求；跟孩子倾诉自己的苦楚，想从孩子那里寻求情感安慰；经常要求孩子为自己做这做那，提供很多现实的帮助——就像是让孩子反过来做父母，而父母自己却变成了需要被照顾的小孩子。

通常这样的父母都有着非常悲惨的童年，要么无父无母，要么流离失所，要么被忽视遗弃。由于被照顾的需要从未被满足，以至于当他们生了孩子以后，就开始在心理上退行——即在内心感觉上退回到童年时期，不自觉地把孩子当成自己的父母，无止境地向孩子索取，无视孩子的感受和需要。因为在他们的感觉里，除了自己之外，其他任何人都很强大，都应该照顾他们。

作为他们的孩子，你可能经常被情绪灌满，对父母又爱怜又怨恨，又心疼又愤怒。你可能一直在努力地为父母付出，付出到了毫无底线、过度透支的程度。因为在你的潜意识深处，你渴望有一天可以把父母心里的黑洞填满，你认为如果父母好起来了，不再那么无助悲伤、恐惧焦虑，就能恢复他们作为父母的功能，你就有机会享受作为一个孩子应有的爱和照顾。

在这个过程中，你可能忘记自己的感受和需要，把父母的感受和需要当成自己的；你可能无法离开家庭，无法建立自己的亲密关系，因为你所有的目光都投注在父母那里，他们的一举一动都牵动着你的心。这让你根本无暇关注自己，也对自己不太感兴趣，你甚至对自己的生活不屑一顾。

但是亲爱的，请容许我轻轻地摇晃你，善意地提醒你：

醒醒吧，快醒来吧。

父母内心的黑洞可能永远都无法填满，无论你多么努力，无论你花费多少时间，那都是一个难以竣工的大工程。所以，不如把目光从他们身上抽回，开始来照顾你自己。如果说父母是一棵树，你也是一棵树，你为父母浇灌再多水都是徒劳的，因为父母那棵树的根部早就霉烂了，永远失去了长大、变绿的可能性。而你这棵树，只要假以时日，用心栽培，却有很大的可能焕发生机。

不要继续等着有一天父母忽然觉醒，也不要寄希望于他们忽然有能力滋养你（放弃这个希望可能会让你很悲痛），而是从现在开始去自我照顾，为自己做一切你希望父母为你做的，慢慢地把自己的需要和感觉放在父母之前。

你可能会发现，当你能够自我照顾时，父母也将慢慢适应没有你的生活，他们不再万事都依赖你，开始跟你一样，能够自我照顾了。这是一个循序渐进、潜移默化的过程。

❀ 超级自恋的父母

还有一些父母是因为喜欢看到自己的能力，他们非常享受自己作为超人的快感，因而不自觉地培养孩子对他们的依赖性，包办孩子的衣食住行，为孩子付出到鞠躬尽瘁的程度，因此觉得自己拥有对孩子人生的控制权，他们的潜台词是：我是天底下最好的父母，几乎好到无懈可击。我为你付出了那么多，你就应该听我的，否则你就是忘恩负义，不识好歹。

这样的父母会经常批评孩子，大大小小的事情都能挑出孩子的毛病，他们总能用某种隐晦的方式暗示孩子：

你太弱了，你这里不行，那里也不好，像你这么无能的孩子，如果离开了我，你根本就活不下去。

但其实他们真正的内在声音却是：

天啊，我千万不能失去孩子的爱，否则我就一无是处，因为我的个人价值完全建立在孩子身上。我好不好，取决于孩子对待我的态度是否恭敬爱戴，取决于孩子是否听话照做。

这样的父母看起来很强大，但其实他们的内心非常脆弱。跟这样的父母相处会让你小心翼翼，因为你很明白，一个不小心他们就会"被你深深地伤害"，并且在那个时刻，他们浑身都散发着脆弱、可怜、无辜的气息，让你简直内疚、自责到心理崩溃。

作为他们的孩子，由于你从小被他们包办代替得太多了，以至于你的很多能力（尤其是社会化的能力）都没有机会得到发展，这让你对自己有一种天然的不自信，一种莫名其妙的心虚感。以至于你经常都处在心理冲突里：想离开父母去独立，却害怕外面的风风雨雨。于是只好纠结地待在父母身边，默默承受父母对你生活的入侵，你要么把他们的做法理解为爱，要么让自己失去自我的感觉和判断力，只是被动地接受这一切。

曾经有来访者对我说："我得到的一切都名不副实，那都是我父母的功劳，是他们给我的，我自己什么都不是。"

你需要有所警醒。

人的生命非常短暂，就这么几十年。你打算这一生都只是做父母的孩子，还是成为你自己呢？这个问题的答案对你非常非常重要。

大部分人都希望依着自己的意愿过一生，我相信你也不会例外。你需要行动起来，第一件事并不是抗拒父母给你的帮助（有可能你根本做不到），而是默默学习各种知识和能力，也就是说，一边继续依赖父母，一边积极主动地提升自己，直至获得"我自己能行"的感觉，你和父母的关系才会无声无息地改变。

将来有一天，你可能会赶在他们帮你之前，自己就做了自己的事，让他们觉得没什么可为你做的，因此失去评价和挑剔你的机会；你可能会有勇气离开家，去开创自己的人生，物理距离帮你远离父母那让你窒息的爱；还有可能你的注意力能够转向自己的小家庭，并因此得到伴侣的爱和欣赏，得到孩子的依恋和尊敬，这将让你在心理和情感上不再过度依赖父母，因为你已经在自己的小家庭里找到新的支撑。

需要提醒你的是：最好不要跟这样的父母硬碰硬，也不要试图用语言沟通的方式去改变他们，那样的做法，除了让你承受父母的坏情绪，陷入对自己的攻击和否定，在现实上并不会有任何作用。有一些性格过激的父母，真的可能用自杀来威胁或控诉孩子不听话的"罪行"，这真的不是你作为孩子能承受得住的行为。没必要付出血的代价来寻找自我的独立，还是慢慢来吧。

我们的基因来自父母。在出生之时，我们不但继承了他们的身体发肤，还遗传了他们的性格、情绪和思想，甚至包括走路的姿势、神情神态、说话的样子。作为一个主动创造幸福的人，我们要学着从天空的视角来看自己——不是从别人的视角，也不是从自己的视角，而是从天空俯瞰自己，也俯瞰自己的父母。

这将让你跳脱普通个体的情感局限性，尽量中立地看待父母，看待他们和你的关系以及他们对待你的方式。这不但能帮你慢慢去除原生家庭对你的影响，也避免深陷对父母的理想化期待，对父母提出诸多不合理的需求而不自知。

4. 认识你的依恋模式

　　蒋云的男友算不上帅，但是学历挺高。蒋云只是大专毕业，而男朋友是某名牌大学的硕士学历。男朋友有一份很体面的工作，收入也不错，父母对这个男生很满意，蒋云是冲着结婚跟他交往的。但是蒋云最近有些纠结，她时而觉得男朋友可能不喜欢她，时而又推翻了自己的感觉，心里经常起起伏伏。

　　我让蒋云详细说说，她和男友之间都发生过什么，以至于让她的感觉如此矛盾。

　　蒋云告诉我，他们恋爱五个多月了，男朋友还没有带她见家长的意思，也很少带她参加朋友间的聚会。男友的手机相册里还保留着前女友的照片，并且丝毫不避讳她。更让她感觉不安的是，男朋友的电话并不总是能打通，微信也没有回复得特别及时，而男朋友对此的解释是"太忙了"。

　　可是与此同时，男朋友也经常对她说"我爱你"，经常送给她各种礼物，还为她策划过很惊喜的生日趴，一起在外面吃饭时也很体贴周到地照顾她。蒋云真是有些拿捏不准男朋友的心思了。

在讲述完自己的故事之后，蒋云很认真地问：你觉得他到底爱不爱我？

❁ 客观现实与心理现实

如果把蒋云的问题发到社交媒体上，可能会有很多人过来帮她分析，并给出各自的结论和建议。然而作为心理咨询师，我认为负责任的回答应该是：

你亲自在关系里参与着、体验着，所以"他是否爱你"这个问题，只有你的答案才最贴近现实。也唯有你自己得出的答案，才可能被你接受，被你使用。

一般情况下，蒋云可以去问问自己的感觉——如果她感觉到被爱，那么男朋友就是爱着她的；如果她没有感觉到爱，那么男朋友可能真的不爱她。

但是在这个回答里，前置状语"一般情况下"是重要的前提条件。如果蒋云不是"一般"情况，而是"二般"情况甚至"三般"情况，那么后面的建议就要作废。因为某些情况下，有可能蒋云的感觉并不符合客观现实，但她的感觉却又是真实的，所以我们把这种感觉叫作心理现实。

所谓客观现实，就是实际发生的现象或事件；而心理现实则是指人们对客观现实的认知、解读和情感反应。

让我们举个例子。

　　蒋云打电话给男朋友，打了好几次却没有打通，发微信对方也没有回。这是一个客观现实，是已经发生了的事情。但是对于这个客观现实，不同的人就有不同的解读和反应：

　　甲小姐解读为"男朋友可能手机不在身边"。她郁闷地想真是不凑巧，于是放下这件事，去跟闺蜜逛街了。她觉得，等男朋友拿到手机，看到上面有她的未接来电，自然就会给她回电话过来，她只需要一边欣赏街景一边等着就好。

　　乙小姐解读为"男朋友是在表现高傲"。她感到很生气，虽然她也很喜欢男朋友，可是却不喜欢这种"女追男"的关系状态。思来想去，她决定按兵不动，再也不主动联系男朋友，等对方作出积极热情的态度再说。

　　丙小姐则解读为"男朋友可能是不爱我了"。她不自觉地回忆两个人相处的细节，检讨自己的毛病和问题，很快找到几个男朋友不喜欢她的证据和理由。越想越伤心，越想越失落，于是悲悲切切哭了很久，就像她的失恋已然成为事实。

　　丁小姐和前面三位的反应都不同，她来不及解读这件事的意义，因为男朋友的杳无音讯让她跌入恐慌里，像方向盘失控的汽车一样在屋里乱转，脑子里止不住地想：男朋友出意外了？被车撞了？掉河里了？被警察抓了？她再也无法平静下来，一直惶惶然直至找到男朋友。

　　一件客观现实的事件发生了，引发了四个女孩子不同的猜测和感觉，这就是心理现实的部分。而这个部分，很难通过思想教育、心灵鸡汤、认知调整的方式得到改变，因为这和不同的人的依恋关系模式有关。

依恋模式就像是潜藏在身体里的一个看不见的按钮，只要到了某个情境下，这个开关就被触发，其时，人就像失去对自己的思想和情感的控制能力，也像是坠入一个模模糊糊的梦境里，做出让别人无法理解但是内在里又符合某种逻辑的行为反应。

依恋，这个词语很容易让我们联想到，一个人对另一个人投注了深深的情感，这情感就像一条强韧的纽带，牵引着她、驱动着她，让她强烈地需要对方。而依恋模式，就是她在投注情感时的下意识习惯。

人们对同一件事和一个情境的不同心理反应，是因为他们有着不同的心理基础，也有着不同的依恋关系模型。

心理学家研究发现，人的主要依恋模式可以分为 4 种：

安全型、回避型、迷恋型和混乱型。

现在就让我们来看看每种类型的个性特点。

● 安全型依恋模式

安全型依恋的人常常感受到内心的宁静，在人际关系里感到轻松和自在，自我评价也比较高，他们很容易建立亲密关系，也常常对工作充满热情，充满好奇心和探索欲。他们的心理现实和客观现实基本吻合，也就是说，当他们感到害怕时，确实就是发生了严重的事，而不是想象出来的危险；当他们感到生气时，也是因为他们确实被别人冒犯了，而不是想象自己被冒犯；同样，如果他们在一段关系里感到自己没有被爱，那么很可能并不是误会，而是对方真的没有在意他们。

安全型依恋模式的人通常都有一对同样是安全依恋的父母，家庭生活相对和谐安定，家庭成员能够相互尊重、平等相待。他们属于普通的大多数，生活工作都相对稳定，人生不太会有大的起起伏伏，内心幸福度比较高。

在上述例子中，甲小姐就是很典型的安全型依恋模式的人。如果你是安全型依恋的人，那么你基本可以信任自己的感觉，当你在关系里体验到不安全感，你可以去找男朋友谈谈，也可以选择终止这段恋爱关系，因为你的感觉很值得信任。

● 回避型依恋模式

回避型依恋的人很少有情绪的起伏，他们在人际关系中显得疏离和退缩，就像没有情感需求一样。自我评价方面也不太稳定，有时候觉得自己优秀卓越，有时候又觉得自己非常糟糕。

他们习惯用合理化、压抑、反向形成等方式（下一章会详细解析这些防御模式）应对情绪，他们特别善于给自己讲道理，经常说服自己去接受那些在别人看来不合理的事。

在感情关系里，回避型依恋者经常都处在纠结矛盾中，他们渴望爱和连接，同时又害怕在感情关系里受到伤害，这让他们进退两难，所以大多数时候都处于一个被卡住的状态——不能向他人表达情感，可是又渴望别人持续地向自己表达感情，然而当别人真的来向自己示爱，他们又会有转身离开的冲动。

大部分超过 30 岁却没有好好恋爱过的人，都有着回避型的依恋模式。一般来说，回避型依恋的人也很难有真正知心的朋友，和父母家人的关系也显得疏离。他们是人群里的孤独者。由于缺乏有意义的关系，他们经常都感到抑郁和孤独，他们大多把时间精力都投注到事业上，因而事业发展都还不错。

上述例子中，乙小姐是回避型依恋模式的人。如果你是回避型依恋的人，那么你需要时常质疑自己的感觉：我是否在害怕深入的恋爱关系，害怕把男朋友变成对自己重要的人，所以用"他太高傲了，他不够爱我"来说服自己，不要接受他，把他推开？

● 迷恋型依恋模式

迷恋型依恋的人和回避型相反，他们经常过于放大自己的内心感觉，如果发生了三分不高兴的事，那么他们主观感受里可能会强烈到十分，所以他们显得情绪不太稳定，发起脾气来有歇斯底里的倾向。

他们是渴望被爱被关注的人，而且是那种浓浓的时刻环绕的陪伴和关爱，否则就会感到自己被忽视、被遗弃、被伤害。迷恋型的人自我评价比较低，经常有"我不好、我不配"的感觉，也经常会假装自己很弱小，很需要被照顾、被呵护，通过可怜兮兮的形象来获取他人的爱。

在亲密关系里，迷恋型的人就像八爪章鱼，时刻紧抱着她们认为重要的人，露出"咬住了就不放松"的神情，就像一不留神爱人就会瞬间消失似的。

迷恋型依恋模式的人在演艺界和艺术界是很常见的，因为他们情绪情感很丰富，个性也非常敏感，因而显得又多情又颇具文艺才华。

上述例子中，丙小姐是很典型的迷恋型依恋模式的人。

如果你是迷恋型依恋模式的人，那么你也很有必要经常查看自己的感觉：我是否在用一种近似表演性的无助向伴侣索要爱和关注？是否在无意识中用"他不够爱我"的哭诉去勒索他，控制他？那些认为男朋友不够爱我的证据，是否源于我自己的焦虑和不安全感呢？

● **混乱型依恋模式**

在上述例子中，丁小姐是很典型的混乱型依恋模式的人。

在美国心理学家的研究中，混乱型依恋模式的人最少。在所有人群里，安全型依恋者大约有 65%，回避型依恋者和迷恋型依恋者大约占31%，而混乱型依恋者则只有 4%，因为几乎所有的混乱型依恋者都是在极具伤害性的家庭长大，而这样的家庭在社会上是少数派。

混乱型依恋模式者没有能力解读别人的表情、态度和意图，也说不清楚自己是什么感觉和想法，内心经常都是混沌和模糊不清的。在人际关系中，她们时常感到危险与爱恋并存，伤害与亲密同在，有时无力区分哪些是自己的幻想，而哪些又相对接近现实。这让他们在人际关系里感到无所适从，困难重重，也经常莫名其妙地进入有伤害性的关系，比如被男朋友虐待、抛弃、羞辱等。混乱型依恋的人经常处在困惑不安里，他们会时常惊慌失措地追问：为什么？为什么？这是怎么回事？我该怎么办？

如果你是混乱型依恋模式的人，那么你会需要长时间的心理咨询帮助。你可能无法有逻辑地讲述自己的故事，而只能断断续续地把事情说个大概。你经常对发生在自己身上的事情感到无所适从，迷茫混乱，所以只能告诉咨询师：我觉得很难受，而且我不知道这是为什么。

● 流动的依恋模式

依恋模式并非固定不变，而是会随着不同的自我状态，不同的关系模式而发生改变。也就是说，你可能在与前男友的关系中呈现出回避型依恋的状态，可是当你来到与现男友的关系中，你又变得像是迷恋型依恋；五年前你活在迷恋型依恋模式中，而如今你活在回避型依恋模式里；你在面对一般性社交关系时，采取的是回避型依恋的模式，然而当你来到亲密关系中，你似乎又像是迷恋型依恋模式的人。

而这些转变，看起来是自主自觉的——在前一段关系中受伤，因而决定切断所有关系，变成回避型依恋模式，比如苏联电影《办公室的故事》的女主人公卡卢金娜，但其实很多时候都是发生在无意识之中的。

如果《办公室的故事》拍续集，有可能女主人公和男主相恋结婚之后，由于长期单身导致对孤独感的恐惧，变得极度渴望情感陪伴，可能变成迷恋型依恋模式——由于担心男主的前妻突然回来而惶惶不可终日。然后又过了一些年，当女主对关系的安全感和信任感愈加稳定，她会变成安全型依恋模式的人。可是，如果男主的前妻真的回来了，并且疯狂地追求男主，男主的孩子也希望他们能够复婚，有可能卡卢金娜又会变成迷恋型依恋模式。或者，男主果然变心了，他真的决定离开卡卢金娜，去跟前妻复合，那么备受打击的卡卢金娜很可能又会变成回避型依恋模式。

以《办公室的故事》中的女主人公卡卢金娜的故事为蓝图，你大概

已经理解到：

我们并不是某种依恋模式，也不是属于某种依恋模式，而是活在某种依恋模式中。

最后，我想再次提醒你：

人的依恋模式相对比较稳定，但并非固定不变。

一段健康的有滋养性的爱情，可以把逃避型和迷恋型变成安全型依恋。同理，一段不健康的有伤害性的关系，也可能把一个原本安全型依恋的人变成逃避型或迷恋型。但混乱型依恋模式的人却难以通过一段恋情得到治愈，他们无法通过自我调整来恢复健康，通常都需要长时间的、深度的心理治疗，才能部分地得到疗愈。

了解自己的依恋模式类型，对于内在自我的成长来说，就像是黑夜里打开一束光，这束光帮你照亮前行的路，让你知道自己可以行走的方向，需要努力的区域，所以它对你真的很重要。

5. 如何找到被爱的感觉

夏彩华在某大型国企做技术支持工作，她非常憎恶自己的工作，不喜欢单位的人际环境，却不得不咬牙坚持上班。因为家里人都反对她辞职，认为她是脑子不清楚才会想放弃那么好的工作。

我至今记得第一次见到夏彩华的情境。

她穿着杂色的老款大衣，大衣最下方的纽扣不见了，露出未及清理的黑色线头。她的头发很稀疏，有些地方能依稀看到头皮，额头上满是红色的小痘痘，脸色晦暗得就像一个星期没洗脸。

她把自己窝在沙发里，因为感冒而不停地咳嗽和擤鼻涕，说话时眼睛看着地面，声音沙哑得厉害，似乎每说一句话都要花费很大力气。在那次会谈中，她四次对我提出要求：帮她递一下杯子，帮她调一下沙发靠背的坡度，帮她调高空调温度，帮她调低空调温度。

后来我了解到，她专门选在身体最不舒服的时候来见我，想用显而易见的病痛来告诉我，她多么无助可怜，多么需要照顾，以便让我更加温柔地对待她，她希望在我这里得到照顾，这是她试探别人是否喜欢她的方式。

夏彩华的身体不适并非偶然，她的来访者登记表上赫然写着：低血压、头疼、头晕、耳鸣、脱发、皮肤瘙痒、胃炎、月经不调、内分泌紊乱、反复发热……在过去的七八年里，夏彩华去看过很多医生，脑血管科、内科、妇科、皮肤科、神经科看个遍，吃了很多药，挂了很多水，还曾经遵医嘱在家休养了半年，但各种小毛病还是此起彼伏，始终没有康复的迹象。

❀ 心身疾病的起因

夏彩华所有的疾病都可以归属在"躯体障碍"门下，这是一种心身疾病，即由心理情绪问题引发的身体症状，难以通过医学手段得到有效干预，而只能诉诸心理治疗。

夏彩华们大多有一对情感冷漠或自我沉浸的父母，这让她成长在一个缺乏情感回应——没有爱的连接——的环境。

对于刚出生的小孩子来说，没有了父母的爱，就意味着死亡。

长颈鹿、狮子、大象等物种的婴儿，出生不久就能奔跑跳跃、自由觅食。而人类婴儿却都是早产儿，连驱赶趴在自己鼻尖上的苍蝇都做不到，就不用再提自我照顾了。所以如果没有父母的爱和守护，婴儿随时都可能被野狼叼走作为晚餐。经过百万年的进化，这种自出生之日起，就强烈寻求父母双亲的爱和照顾的需要，已经成为人类与生俱来的基因携带的本能。这个本能就像是一种心灵的印刻，没有人可以例外。

可想而知，夏彩华小时候也和其他孩子一样，本能地寻求父母的爱和照顾。然而遗憾的是由于各种原因，她的父母无法提供这些，这使得夏彩华爱的部分一直没有被满足过。如果把内心比喻为田野，那么父母的爱和关注就是雨水。由于夏彩华的这片田野没有被雨水好好浇灌过，田野变得越来越干枯，也让她的焦渴感越来越严重。夏彩华必须想尽一切办法去找水，否则她就会被痛苦包围。

后来，因焦渴而到处乱撞的夏彩华无意中发现，如果自己生病了，身体不适了，无法做自己的事，就能或多或少得到雨水的浇灌，让焦渴感得到暂时的舒缓，比如母亲会带她去看医生，露出难得一见的温柔，主动帮她做很多事，包括原本属于她分内的事；父亲也会停止发脾气，家里有一阵子会比较平静。于是夏彩华的潜意识开启了小病小灾模式：她时而重感冒，时而肺炎，时而崴到脚，时而又摔断了胳膊……

在这里就要提起斯金纳的条件反射实验。

斯金纳是美国的一个心理学家，他的实验主角是 8 只鸽子。他把鸽子放进箱子里，把食物装进食物分发器，鸽子每敲击一下食物分发器，就能得到一粒食物。最初鸽子对此没什么特别反应，一段时间后，鸽子再敲击食物分发器时，可能一次得到五粒食物，也可能几个小时得不到一粒，还可能它再怎么敲都得不到食物，以至于只能饥肠辘辘。

慢慢地鸽子们进入了一种癫狂状态——不停歇地敲击食物分发器，

达到 5 次／秒的频率，哪怕是在实验结束之后，还会持续 15 个小时以上不停地过来啄，每次间歇不超过 20 秒。

小夏彩华就像是不停啄食物分发器的鸽子。我们无从得知鸽子们在敲击时的感受，但是小夏彩华在掉进条件反射陷阱时却是充满了情绪能量的。最初她每次的小病小灾都能得到父母的温柔照顾，可是一段时间之后，父母开始确信这个孩子就是身体弱，就是性格鲁莽，慢慢地习以为常，不再认为她的病痛算是一件大事。

父母的认定让夏彩华非常愤怒，同时也为了自己竟然需要这么冷漠的父母而感到羞耻。她在想，以前我生病了你们都会来照顾我，为什么现在不咸不淡了呢？是你们变坏了，还是我不再值得爱了？我是多么不知廉耻的人啊，竟然会对这么冷漠的父母充满依恋之情。

于是夏彩华决定要坚强，不再向父母索要关爱。然而她其实非常纠结，因为在内心深处，她还是渴望着父母的爱、关注和照顾。夏彩华继续小病小灾，但此时她的目标已经不再是获取父母的爱和照顾，而是变成了对他们的控诉，她的潜意识在说着，你们是不合格的父母，竟然看不到我很需要照顾吗？进而变成对自己的责骂，你怎么又让自己生病了，你真是一个麻烦、糟糕的人。也产生了深深的无力和内疚感，我太丑陋了，我是不值得爱的，我对不起自己，我没有照顾好自己。

如果把对父母的情感需求转化为自己的身体不适，通过身体不适变相地得到一点关心，那可以大大减轻她对于自己竟然渴望"坏父母"所带来的羞耻感。

夏彩华在长大之后，不由自主地被同样情感隔离的丈夫吸引，嫁给带给自己熟悉感觉的男人之后，她就得到了一个"机会"，即用成年人的自己去改写小时候的命运和境遇，然而她能想到的办法却只有小病小灾。

你不难想到，夏彩华在丈夫那里重演了小时候和父母之间的"戏码"，当她成功扮演了"麻烦制造机"和"无手无脚人"，丈夫也开始对她的病痛不闻不问，不肯帮她做事情，就像小时候的父母对她做的那样。

所有语言无法表达的，都将通过身体和行动来诉说。

那些被压抑到潜意识深处的需要和情感，最终被夏彩华用身体来表达。她的躯体障碍最初是一种心灵呼声：我没有爱，我好痛苦，我需要照顾！快来爱我，快来关注我，快来帮帮我吧！当它迟迟没有得到回应时，这个呼声就变成了她对丈夫和父母的控诉：你们是糟糕的照顾者，你们对我犯下了不可原谅的错，我的病痛赤裸裸地昭示着你们的罪行，你们应该为此感到羞愧！

❀ 心理的恶性循环

夏彩华一边想办法寻求爱和连接，一边还要忍受因得不到而引发的焦渴感，以及努力隐藏因之而来的委屈和愤怒，内心经常充满煎熬，探索现实世界的兴趣和能力也被削弱了。所以她经常看起来有气无力，死气沉沉，一副半死不活的样子。这严重影响了她的自尊感，也影响着她的亲密关系。

如果要改变目前的处境，夏彩华需要听到自己潜意识的声音：

在别人爱我之前，我不能爱我；

如果我爱了我，就相当于承认了没有人爱我的事实；

如果我爱了我，我就会失去让别人爱我的机会。

夏彩华渴望爱，可是她一直在等着别人去爱她，她认为那是获取爱的唯一渠道。因为她要向自己证明，她是有人爱的，她认为想办法让别人爱她、对她好、为她做事是唯一能证明的方式。为了证明这一点，她必须不能爱自己，不能对自己好，也不能为自己做事，否则就失去了验证"有人爱我"这件事的机会。

然而夏彩华却忽略了一个重要事实：

如果父母从未爱过她，她根本无法存活下来；

如果父母一点也不爱她，为什么她又能记得父母对她好的时刻？

夏彩华需要能认识到，只是在某些时刻，父母没有给她被爱的感觉，而她不能接受那样的时刻。因为不被爱的时刻很痛苦，为了终止或屏蔽那些痛苦，她对那些痛苦进行了不合理的解释——我痛苦是因为父母不爱我，我痛苦是因为我不值得爱，我痛苦是因为我不好。

她无法承受这些令人心碎的解释，所以拼命去改写过去的记忆。她的逻辑是，改写了记忆里的故事和画面，我就不再是那个没有被爱的孩子，我将成为全新的人，进而得到全新的爱和全新的生活。

夏彩华确实很努力，但遗憾的是她努力错了方向，当然也用错了方法。这导致她进入一种恶性循环里：

没有被爱

改写记忆

制造麻烦

引来嫌恶

没有人能改变已经发生的事。但我们能改变自己的应对方式，也能改变对那些事的看法，还可以改变事情所带来的影响。

只要能改变其中任意一个环节，这个痛苦的圆圈就无法继续循环下去。换言之，夏彩华要么主动找到被爱的感觉，要么放弃改写记忆的愿望，要么停止制造麻烦，或者想办法不再让家人嫌恶她。

没有哪一个是容易做到的。如果没有进行长期的心理咨询，后三个环节就尤其困难。因为放弃核心愿望和停止惯性模式都需要强大的心理能量，而改变别人对自己的刻板印象，又需要漫长的时间和别人的主动配合。所以，相对来说最容易，也最有操作性的入口是主动找到被爱的感觉。

如果夏彩华有了被爱的感觉，她就无须再去改写过去的记忆，也不用再通过制造麻烦的方式来获取爱，自然也就不会被嫌恶，被爱的感觉就得到了正向强化。

❀ 改变从爱自己开始

如果你和夏彩华有类似的情形，出于各种各样的原因，你经常有一种感觉，好像在你的生活里就是没有爱、没有关注、没有尊重和欣赏，这让你觉得没有力量去成为自己想成为的人，也时常生活在凄冷孤独的痛苦里。此时你可以怎么办呢？

我的回答是：

为自己做那些你希望别人为你做的事。

你希望伴侣能包容和接纳你，让你感受到安全感？不如现在就开始尝试理解和接纳自己，学习如何给自己安全感；

你希望得到很多很多爱？不如现在就开始学习如何爱自己，学习如何与自己谈一场美好的恋爱；

你希望有人为你带来好的物质生活？不如现在就开始努力去赚钱，找到能提升生活品质的路径和方法；

你希望父母懂你、理解你、照顾你？不如现在就开始照顾自己，想尽一切办法让自己感到舒适快乐；

你希望领导看见你、欣赏你、提携你？不如现在就开始努力提升工作能力，找机会展露自己的才华，允许自己闪闪发光。

因为你知道的：

别人都会用你对待你自己的方式去对待你。

如果你爱自己，那么别人会模仿你的做法；如果你亏待自己，那么别人也将跟你一样。

❀ 神奇的镜像神经元

也许你会质疑我的建议，因为这种做法对你来说是陌生的，甚至是超出你的想象的。但这个建议并非凭空而来，而是根植于生理学和心理学原理。

你一定经历过如下三种生理现象。

①你不经意间看见一个孩子蹒跚着走路——你并不认识她——她走着走着，突然打了一个趔趄，几乎就要跌倒了，或者她干脆是真的就跌倒了。就在那个 0.01 秒的瞬间，你的膝盖也突然一麻，或者心脏猛然一抽，仿佛你和那孩子之间有着某种感应。

②有人张嘴眯眼打了个哈欠，而你刚好看到了那一幕，然后莫名其妙的，你也想要打呵欠了，并且这个呵欠真是忍都忍不住。

③两个人一起并肩走路，不知不觉间他们的步调越来越一致，摆臂的幅度、方向也变得差不多，就像步兵在操练一般。

科学家们认为这些神奇的现象，都是"镜像神经元"细胞的缘故。人的大脑里遍布神经元网络，这些神经元网络被认为是用于储存特定的记忆。而镜像神经元则用于储存某些特定行为模式，这让人类可以想都不用想，只用直觉反应就可以执行某些基本动作，同时也可以让我们在看到、听到、想到别人的动作时，自身也本能地做出相同的反应。

镜像神经元是近些年来认知神经科学研究的热点，目前还有很多有待进一步发现的部分，但科学家们的共识是，人类的认知能力、模仿能力、共情能力都建立在镜像神经元的功能上，甚至有人认为镜像神经元细胞之于心理学，就像 DNA 之于生物学。

镜像神经元把全人类连接在了一起。

经过百万年的演化，人类早已在生理和心理层面产生了某种紧密的联系，那是一种仿佛你中有我、我中有你，令人难以置信的紧密相连的状态。人很需要这样的状态。所以边远地区的牧民们才会那么渴望见到其他人，无论是否认识，只要看到人都会骑着马远远跑过来攀谈。因为我们正是通过看到同类，在一起有所交流，来确认自己的存在感。

你从来不是独自一人生活在这个世界，你的身体无时无刻不在和他人连接。并且这个连接，甚至都不需要通过你的自主意识。

当你能够理解这样的视角，你就能明白：

所有你渴望在他人身上寻求的，其实你自己都有；所有你希望让别人给予你的，其实你也有能力给予自己；所有你期盼从他人那里得到的，其实你可以先从自己这里开始获取。

❀ 吸收祖辈的馈赠

当你开始爱自己，为自己做你希望他人为你做的事，那么他人的爱将经由你的身体连接而进入你的世界。因为，你和他人是相互依存的，在生理基因的进化角度，在很早很早之前，你和其他人注定都是有关联的，而且这并不受每个人的主观意志所影响。

你并不是像孙悟空一样从石头里跳出来，你也不像神仙一样凭空来到这个世界。无论你的父母是谁，也无论他们如何对待你，甚至哪怕你是通过试管来到这个世界，你都拥有一个父亲和一个母亲，在你的身体里，携带着那个男人和女人的基因，你的身体里携带着他们的性情，他们的知识和能力，也携带他们的成长历程和家族背景。这是你来到这个世界之初，他们无条件馈赠给你的礼物和印记。

你正是在父母基因的基础上继续发展而成为今天的你。

那就意味着，当你开始给自己足够好的爱，就相当于父母也在给你爱，因为有一部分的你是从他们那里继承而来的。等你开始给自己支持和帮助，也相当于是父母在给你这些，因为你是在用从父母那里继承来的某个部分，来为自己提供你所需要的。

还有很重要的一件事是，你的父母又有父母，你父母的父母也是有父母的。所有的你的祖辈们，经历了百万年的进化和人世间的风风雨雨，他们躲过了猛兽的追击，躲过了自然灾害的侵袭，躲过了战争的涂炭，躲过了各种改朝换代和猛于虎的苛政，也躲过了各种政治的和社会的动荡，就这样一代一代地繁衍到你这一代。如果他们没有足够的智慧和能力，没有足够旺盛的生命力，没有足够的对于生的渴望，在过去历朝历代的任何一个劫难里，都有可能失去自己的生命而让你无缘于这个世界。

然而他们却想尽一切办法帮你来到了这里，让你得以呼吸空气，看到阳光和蓝天；他们又调动自己力所能及的资源，为你创造能够更好地生活的环境，使得有一天你可以有能力帮助自己，使得你可以活出你想要的样子。

如果你想帮助自己感受到爱的力量，不妨经常想象你的祖辈们就站在你的背后。你的背后是你的父母，父亲背后是他的父母（你的爷爷奶奶），母亲背后也是她的父母（你的外公和外婆），你的爷爷奶奶和外公外婆的背后也分别站着他们自己的父母。所有人的手都搭在自己孩子的肩膀上，就这样一代一代向后延展着。

你能想象那样的画面吗？

所有的祖辈都把手搭在站在前面的孩子的肩膀上，站成了两个大大的扇形，而你，就站在这个扇形最顶尖的位置，你来自他们，也将发扬他们，你就像他们的智慧和生命的集大成者。而祖辈们，则坚定地站在你背后，就像你的两只翅膀。寒冷时给你温暖，炎热时为你送爽，起飞时为你助力，当你疲累时又会成为你的港湾。

请不要仅仅把这个画面当作想象，而是把这个画面转化为一种感觉，让这种感觉充盈在你的身体里，你的内心里。当你悲伤自己没有被爱时，就想想背后的这两个翅膀；当你感到没有力量时，也想一想背后的这两个翅膀；如果你觉得父母的爱太有伤害性，那么你还可以去其他祖辈那里寻求爱和连接。

第四章

拥抱你的安全感

1. 相由心生：认识情绪的魔力

心理学家和神经学专家通过实证研究告诉我们：

情绪状态，很大程度上影响着人的外貌和智商。

换言之，一个人的情绪健康程度，和她的智商以及外貌的漂亮程度成正比。

当你的情绪经常都处在平静愉悦满足的状态，那么你的容貌就会越来越好看，处理人际关系和工作事务等各方面的能力也会显著提高。相反，如果在你的内心里，怨恨、委屈、愤怒、悲哀是主要情绪，那么本来很漂亮的容貌，也会变得越来越难看，记忆力和各方面的能力也会受到影响。

要理解这个现象，你只需脑补年轻时风华绝代，到了中年却是路人模样的一些明星，再想一想年轻时长得很普通，到了中年却越来越漂亮的另外一些明星（比如：张曼玉和小 S），就知道这个研究还是很靠谱的。

情绪只要在人的身体里升起，都必然会带动神经、肌肉、血压等一系列的生理反应。

当你感受到强烈的愤怒情绪时，血压会迅速增高，肾上腺素、血管紧张素的分泌都会增加，血糖、呼吸频率、肠道、手指头的温度也会有所反应；当你因为焦虑而紧张不安时，身体肌肉会随之收缩、僵硬，心跳的频率也会非常快。

必须注意的是，如果你调动起心理的防御机制，让自己在主观上体验不到这些情绪，那么身体的反应就会更加强烈。情绪的感受和身体的感受紧密相连，如果硬性屏蔽情绪的感受，身体就必然要补偿性地发挥功能——就像盲人的耳朵总是非常灵敏，也像一边肾脏切除后另一边就会变肥大那样。

明白了个中原理，或许你就能理解：

长时间的情绪痛苦，会以一种缓慢的、神不知鬼不觉的方式改变你的容貌和身体状态。

胖和胖也不同

张琼和王琴是我参加专业培训时的同学。

我们年龄相仿，生活状态相似，又都是从其他专业转型到心理咨询领域，所以有很多共同语言。在7天的培训学习期间，我们经常相约一起吃饭，然后再一起回到教室。慢慢地我们熟识起来，我也逐渐了解了她们的故事。

张琼在大学阶段就非常喜欢心理学，做了13年内科医生后，终于决定转型做心理咨询师。王琴则是先做了一段时间来访者，在心理咨询中获益匪浅，于是从原本任职的企业辞职，转型过来做心理咨询师。她们两人的体型都偏胖，而我是天生的瘦子。有一次我们并排走时，她们故意把我夹在中间，开玩笑说我们是"行走的汉堡包"。

但同样都是偏胖，其实张琼的胖和王琴的胖有着完全不同的内涵。

准确来说张琼并不是胖，而是壮。她皮肤黑红，肩膀很厚，上臂和大腿粗而结实，走起路来步子小而急促。她最明显的身体特征是大屁股，那是欧美和非洲女性常有的屁股尺寸，但有所不同的是，张琼走路时屁股并不会颤动，仿佛那不是一个屁股，而是一个装满沙子的沙袋。

王琴可以算作胖的，并且胖得不太均衡。她大腿以上都很胖，但是大腿以下的部分却越来越细，到了小腿和脚踝，就和一个普通身型的人差不多了。王琴最胖的位置是胸腹部，就像一块过度发酵的面团，软软的，鼓鼓的，感觉她的上半身就像轻轻挂在骨架上，风一吹就能顶出一个窝。

我刚认识张琼和王琴时就感觉到，不同的处理情绪的方式，造就了她们各自鲜明的体征和个人气质。而7天的朝夕相处，确实也验证了我的直觉。

❀ 常见的情绪防御方式

如果把情绪比喻为十匹马，而且这十匹马就住在人的身体里。

张琼会每天认真检查马儿们是否都套上了缰绳，并且保证这十根缰绳都握在手里。只要马儿们开始嘶鸣，有往外跑的征兆，她就会立刻拉紧十根缰绳，无论如何不能让任何一匹马从身体里跑出去。作为一个过度控制情绪的人，张琼有着自制力强、坚忍、有毅力等优秀的性格品质，也容易让别人感到她可靠、值得信任，因为她总是非常理性，做事说话都干脆利索，从不拖泥带水。

心理学把张琼面对情绪时的反应解释为"压抑、合理化和反向形成"。

"压抑"就不消说了，我们都能理解这个词的意思。

"合理化"是指每当人感受到负性的情绪，就惯性地对这个情绪进行合理化的解释，比如如果张琼感到被王琴冒犯，因而感到很生气，她的第一反应是替王琴开脱或自我安慰，对自己说："王琴又不是故意的，大家都不容易，多一事不如少一事，朋友之间还是别那么计较了。"于是成功把怒气塞回自己的身体里。

"反向形成"是指和真实的情绪反着来。还是刚才的例子，张琼其实对王琴很有意见，但是碍于朋友情分不好发作，为了掩饰对王琴的敌意，张琼就对王琴特别好，不但经常帮王琴带早餐，中午一起吃饭时还过于热情地非要王琴坐最舒服的位置。

张琼确实在朋友圈里名声很好，大家都羡慕她人缘好，在各种人际关系里游刃有余。然而她过度压抑的性格导致她的身体被过度使用。这就像她要时刻把十匹马牢牢地控制在身体里，必然要耗费相当的力气，身体里的筋膜和肌肉总是在用力，久而久之身型和外貌就会变大变僵硬，无法拥有柔和的美感。

王琴对情绪的反应方式和张琼相反。

王琴从来不给她的十匹马套缰绳，她最初是没有这样的意识，后来有了要套缰绳的意识时，马儿们已经习惯了横冲直撞，变成了野马，如果没有专业驯马师出面，根本就不可能被制服。作为一个任由情绪无序发泄的人，王琴被周围人视作"神经病"，她经常看起来情绪很不稳定，可以在两秒内从平静直接爆发愤怒，也可以没完没了地哭两三个小时。

心理学把王琴面对情绪时的反应解释为"退行、夸大和移情"。

顾名思义，所谓"退行"就是退着行走。如果是在心理上退着行走，就像是一个人退回到了孩童的心理状态。王琴作为成年人，原本有能力通过语言来表达自己，也有能力找到解决问题的方案，然而当负性情绪来临时，她却会不自觉地失去这些能力，变成一个只会发泄情绪的孩子。

"夸大"就是在很小的事情上过度反应，比如王琴希望丈夫开车送她去公园，可是丈夫却一副不情愿的样子，还说了一些难听话，王琴因此觉得丈夫一定是不爱她了，是想跟她离婚，于是愤怒地摔东西，进而伤心大哭了很久很久。表面看来她只是在伤心，但本质上王琴在用这种情绪失控的方式控制丈夫，让丈夫就范。

"移情"是指一个人把对过往情境或关系的记忆转移到现在，然后用过去的方式应对现在的人或情境。比如王琴在摔东西和大哭时，其实是把丈夫当成了小时候的妈妈，她不愿意想起小时候曾经被妈妈冷漠对待的经历，试图通过情绪发作改变曾经发生的一切。

王琴的情绪问题严重妨碍了她的自尊感和人际关系。旧同事曾经背后叫她"火药桶"，大家都有意识地远离她，生怕不小心点着她的暴脾气。王琴也屡次因为无法控制地当街发脾气，被看热闹的路人围观议论，因而感到羞愧难当。这种对情绪不加管理的方式使王琴的身体变得软趴趴，没什么精气神，总有一种虚空的感觉。如果说人的身体就像一座房子，那么王琴这座房子的墙就像是藤蔓或麦秸做的，缺乏支撑能力，随便一点微风就能吹透五脏六腑，让她很容易生病。

❀ 情绪影响体形

通过张琼和王琴的故事，你大概能理解到，如果想让身体焕发美感，充满活力，保持健康适当的体形，正确有效地管理情绪是非常重要的一步。当然，有能力管理自己的情绪，绝不仅仅为你带来美好的身形和面容，还将对自尊感、人际关系、爱情婚姻、亲子关系、事业发展等方方面面起到促进作用。

所以我认为本章的内容对你非常重要，值得你反反复复地阅读，之后在生活里实践和验证。

在进入情绪管理的方法之前，你很有必要先花时间了解情绪和身体的关系。在做任何一件事之前，对这件事的思考和理解比行动更加重要。正所谓"磨刀不误砍柴工"，前期准备工作越充分，后面执行起来就越容易出成果。

❀ 身体的感觉和情绪的感觉

由于人的神经系统和思维情感的发育晚于身体，使得刚出生的小婴儿没有能力分辨自己感觉的属性，哪一种是身体的饥饿和寒冷，哪一种是情绪的生气和无聊，他只能把这些感觉统一理解为"不舒服"。

直到小婴儿逐渐长大，通过和养育者的互动学习，他有了语言能力，也有了一些认识自己的能力，变成具备一定生活经验的幼童，才能逐渐把身体的感觉和情绪的感觉分开——认识到情绪上的生气和身体上的疲劳是两种不同的感觉。

再后来，幼童长大成为少年和青年，开始有能力准确表达自己的需要和感觉，以便得到身体的满足或情绪上的抚慰。

如果上述发展比较顺利，到了成年阶段，人们会拥有一定的掌控感——对自己、他人和环境——进而感到内心有力量和信心。

然而，不见得所有人都能有这么好的运气。我在工作中，时常会遇到无法感觉到自己的情绪（如张琼），或者无法为自己的情绪命名，无法区分身体感觉和情绪感觉（如王琴）的来访者。

导致发展停滞或受阻的原因是多种多样的，这里就不一一描述，你只需知道：

学习管理情绪之前，需要先具备区分身体感觉和情绪感觉的能力。

有了这项能力，当你在表达自己的感受时，就不会模糊地说"我感觉不舒服"，也不会胡乱发泄情绪，而是能够用语言表达自己，比如"我感觉又委屈又伤心""我感觉肚子在搅动纠结"等。只有当你能如此清晰地描述自己的感觉时，别人才能有机会了解你，然后给你适当的回应。

有了这项能力，你就不会把"情绪的愤怒"等同于"身体的饥饿"，不会把"情绪的恐惧"等同于"身体的倦怠"，当然也不会把"情绪的孤独空虚"等同于"身体的欲望"。你自然不会想通过给身体塞过量的食物来堵住愤怒，不会再用过度运动来释放恐惧，不会再用无保护措施的生理需求去寻找亲密。因为：

情绪的痛苦无法通过食物得到抚慰，感情的需要也无法用性欲来弥补。

有了这项能力，你将找到很多适合你的方法去疏解情绪，不至于把大量没有被识别的情绪——如害怕、无助、愤怒、悲伤等——长期驻留在身体里，任由它们引发身体内部的反应，导致肌肉收缩或下垂，血压和肾上腺素总是在高位，大脑杏仁核过度敏感，这些都是导致衰老提早来临的直接因素。

如果橡皮筋被时刻拉扯，没有回归原位的机会，就会慢慢失去弹性；如果汽车轮胎不停地运转，从来都不停下休息保养，也会因为过度磨损而产生裂纹。那些被过度使用的日子，都会给它们留下不可磨灭的痕迹。这个过程，一如深深的法令纹和高耸的颧骨，一如凸起的眉间纹和越来越短的脖子。

你可以压抑自己的情绪，却无法让被压抑的情绪凭空消失，你可以忍受身体的某些感觉，却无法让身体的自主神经系统停止活动。

在情绪管理方面，你需要达到的目标是：

①能辨识身体的感觉和情绪的感觉，把它们区分开。

②知道这些感觉的名字，能通过这些感觉明确自己的需要。

③能审时度势观察周围的环境，评估是否适合让这些情绪释放出来。

当你评估适合让情绪释放时，可以通过情绪的表达和他人进行连接，也给自己的情绪一个容纳空间。当你评估不适合时，也能够暂时压制那个情绪，直至来到一个安全的空间，再采用其他方式去释放那个情绪。

这并不是一个容易达成的目标，有些人可能需要花费好几年才能完成，然而这却是值得所有人追求的目标。

❀ 情绪的意义

有些人会认为谈论情绪毫无意义，他们的内在逻辑是：我高兴或不高兴，都不能改变这个事情本身；我喜欢或不喜欢，别人都不会为了我改变。所以只要谈那件事就好了，不需要谈我的感受。

他们在用这样的想法欺骗自己，也为他们对亲密关系的回避找借口。他们不愿意谈论情绪的真实原因，是害怕敞开内心，让别人看见真实的自己。

我们生活空间里的万事万物：太阳、月亮、动物、植物，泥土和空气，是属于所有人的，任何人都可以分享。人类的思想、音乐、书籍、舞蹈、哲学，等等，也属于所有人，是和他人共通的。唯有从身体内部产生的情绪和情感独属于每个人自己，是独一无二的、个性化的，如果你不拿出来，不做任何表达，别人就永远无从知晓和分享。

我常对来访者说的一句话是：

谈论你的感觉确实没什么现实作用，但是却会让我们的关系有所不同。

如果来访者还在抗拒，我还会进一步表达说：

谈谈你的感觉，会让我有机会了解你，也让你有机会了解我，让我们有机会一起来看看，我们的关系里到底发生了什么，对我们有什么意义。

其实我是在通过这样的表达告诉来访者：

情绪本身深具意义，情绪是连接关系的重要通道，情绪是自我的载体，情绪的重要性远大于事件本身。

这也是长时间的心理咨询能把人变漂亮的原因。

当人们能够自如地驾驭情绪，用健康有效的方式把情绪从身体里释放出去，就不需要继续用身体来代替情绪进行表达，身体没有了多余的负担，当然就可以按照它自有的规律进行运转，免疫能力有所提高，新陈代谢比较正常，各个循环系统非常通畅，它自然就会越来越美。

这就好比一棵树，能得到足够的阳光雨露，又生长在没有化学物质的土壤里，那么它的叶子青翠欲滴，树干挺拔有力就是必然的结果。

2. 有效驾驭情绪的理念和方法

梁墨特别容易生气，而且生气起来不可收拾。她会因为男朋友说"怎么连这都能忘"而忽然震怒，一边歇斯底里地发怒责骂，一边就扑上去跟男朋友打架；也会因为母亲忘了给她的花浇水而气到抓狂，一个星期都不跟母亲说话。

但是促使她来见我的导火索，却是她和单位门卫的一次争吵。

梁墨下班经过门卫室，想顺便看看有没有自己的快递。可是她刚要走过去，门卫大爷就从屋里对她喊：不用看，今天没有你的快递。梁墨感到一股火直接从肚子升到喉咙，她尖声喊道：没有就没有，你为什么这样跟我说话？六十多岁的老大爷也不示弱，从门卫室冲出来跟她对骂起来。

单位门口很快聚集了很多看热闹的人，梁墨一边愤怒，一边又感到很羞愧。一个年轻姑娘，在大庭广众之下跟门卫老大爷吵架，确实很不体面。但即便如此，她的怒气还是无法消除，胳膊都在发抖。

❀ 超级复杂的情绪

如果梁墨能静下心来体会自己的情绪，她势必会发现，愤怒只不过是她所有情绪的冰山一角。在她的内心深处，最多的情绪其实是失望和伤心。

然而这些失望的、伤心的感觉实在太浓烈了，浓烈到让她害怕自己无法承受，浓烈到只要稍微有一点失望的情绪冒头，她就会心生恐惧，恐惧自己会被那些失望、伤心的感觉吞没，变成一个无力无助的可怜虫。她不喜欢看到自己是这样的，所以她学会了用愤怒来替代失望和伤心。

愤怒是一种非常强烈的情绪，它可以掩盖很多深层的情绪体验。人们除了用愤怒掩盖失望和伤心，还会用它来掩盖羞愧、害怕和无力的感觉。想一想古人创造的成语"恼羞成怒"，你就能理解这个情绪转化的过程。

情绪和情绪之间会互相转化、互相掩盖，情绪和情绪之间还会层层叠叠地交织在一起。

当人们担心自己的某个情绪或情感不被允许时，就会把那个情绪改头换面，以自己能接受的面貌呈现出来。

比如，你心里怨恨父母不够爱你，但同时你又觉得孩子不该怨恨父母，因为那是不孝，那么潜意识就会偷偷把怨恨的情感转化为内疚，过程如下：

怨恨父母

我很坏

内疚自责

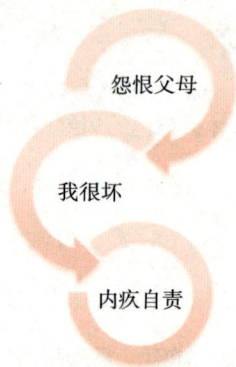

在内疚和自责的驱动之下，你会忍不住想要为父母付出，以让自己的感觉好受一些。然而这种平息内疚感的方式又会给你带来新的困扰，衍生更多复杂的情绪。

怨恨父母

我很坏

内疚自责

过度付出

无力、委屈、愤怒……

又比如，当你身处有暴力的亲密关系，却不敢让自己怨恨对方，因为你害怕那个怨恨会招致加倍的暴力，所以你只敢让自己恐惧他。如果那个恐惧太多、太大、太久，会让人的心理难以承受，为了缓解这些淹没性的感受，你可能会努力美化这个暴力，认为暴力是一种强大的表现，你会让自己模仿暴力者的行为，甚至对施暴者产生爱和依恋感，因为这样可以减轻屈辱感和无力感。然而这让你深陷一段痛苦的关系不可自拔，可能让你抗拒来自他人的帮助，因为如果离开这段暴力的关系，会让你体验到自我的崩塌。

还比如，当你对爱人表达冷漠和愤怒时，心里却希望对方能从中读懂你的爱和渴望，希望他能过来拥抱你，告诉你他爱你、在乎你，你是他的唯一。然而如果对方真的这样做了，你又会甩给他一个耳光，大声咒骂他，以表达你的愤怒和委屈，让他知道你对他先前的忽视有多气愤，对他曾经的过错有多怨恨。可是当你稍微冷静一些之后，又会对自己的做法感到非常内疚，觉得你不该那样伤害他，你开始害怕他因此会离开你，你又想冲上去好好爱他了，你甚至想去哀求他不要离开你……

再比如，你也许会发现，如果某人伤害了你，你越爱他，你也越恨他。然而你越恨他的时候，恰好又表明了你对他的爱和需要有多深。因为恨这种情感，是渴望而不得才会滋生的。这种爱和恨的相互交织，经常让人们分不清自己真实的感受到底是什么。

人的内在情感就是如此复杂，如此纠结，如此变幻莫测。

阐述了这么多，其实我是想说，人的情感成分不但非常复杂，还能隐秘而快速地来回转化、互为掩盖。这里就存在一个结论：

如果你不去专门研究自己的情绪情感，可能很多时候都不会清楚自己的感觉到底是什么样的。如果你不知道自己的感觉，你就无从知道自己是谁，想要什么，想去哪里，内心里也会有很多无力茫然，缺乏生命的激情。

❀ 管理情绪的方法

既然你能和这本书相遇，又能一直阅读到这里，我相信你是愿意研究自己的人。那么现在我就要为你分享两个方法，它们可以有效地帮助你，清理自己的情绪和感受，然后尝试妥帖地管理它们。

● 让身体和思想都慢下来

在情绪管理的问题上，人们最常犯的错误是过快做反应。

在人际关系里出现冲突，感觉到某些不适情绪时，还没有来得及弄清楚情况，就不由分说地立刻行动，冲到哪儿算哪儿；刚刚有了某个想法，还没有评估这个想法的可行性，也没有认真规划施行方案，就立刻开始去行动。

这样的做法，就像一个元帅刚率领部队到达战场，不驻扎营地，不勘察地形，不去侦察敌人的情况，也不做排兵布阵的准备，直接就命令士兵们上阵杀敌，那么这场仗几乎注定是要输的。

人们之所以反应那么快，大都和过于焦虑的情绪有关。

城市的生活节奏太快了，吃饭要快，走路要快，做事要快，人们每天要处理大量的信息，大脑总是在高速运转中。这就像一个人时刻都在快速奔跑，以至于无心欣赏路上的景物，更顾不上体会自己身体和心理的感觉。如果此时突然出现路障，让他打一个趔趄，几秒钟的停顿，让他意识到身体上的酸疼、疲劳、饥饿、酷热，又感觉到心理上的急躁、压力、挫败、委屈等情绪，这些突然涌出来的、过于多的、过于浓烈的身体和心理的感觉，会让人难以承受。

为了离开这些可怕的感受，人们会想尽快、立刻、马上做些什么，哪怕需要为此承担不良后果，也在所不惜（将来的事情将来再说）。当梁墨愤怒地和别人吵架时，就是在做着类似这样的事，那一刻她只想先爽了再说，至于自尊感、人际关系、爱与被爱，根本就抛到了九霄云外。

但梁墨的做法并非无缘无故。

如果天空只是飘着毛毛雨，虽然打在身上会有些凉，你也不至于有多不舒服，还能继续散步。可是如果洪水从远处滚滚而来，你会立刻进入应激状态，恐慌之下只想快速找到安全的地方，去哪里都行，做什么都行，只要能解决当下的危险。

对于梁墨来说，愤怒的情绪过于大、过于多、过于浓烈，就像是十级的洪水，所以当务之急是把洪水导流——通过发火，把愤怒泄洪到别人身上。这样做虽然会损坏关系，却能让她找回情绪上的安全感——在那个时刻，那些愤怒的情绪如果不发泄出去，她会觉得自己将要被愤怒（洪水）吞噬，就像是面临死亡那么可怕。

为了避免情绪过载导致的瞬时爆发，你可以试着让自己慢下来。慢慢走路、慢慢吃饭、慢慢说话、慢慢体会、慢慢反应。

当你愿意尝试这样做，那么你终将发现，真的是只需慢几秒，一些细微的情绪体验就会被你感知，并及时疏解出去。此时情绪的强度就像天空下了一场毛毛雨，非但不会影响你的安全感，还丰富了你的生命体验。

如果是相反的情况，你总是那么快节奏地思考、做事、前进，导致一些情绪体验来不及浮现就被忽略，那么等到有一天情绪集中涌现时，就会变成洪水让你无法承受。

无论工作再忙，都要保证充足的睡眠时间；

无论事情多么紧急，都让自己按部就班地去处理；

无论日程安排多么满，都要在上下午工作之间小憩一会儿。

让自己慢下来，这是自我照顾的重要方法。我强烈建议你每天给自己留出 15 分钟独处的时间，在这 15 分钟里，不阅读，不听音乐，不做任何事，只是静静地待着。这样做可以将身体和头脑放空，只有身体和头脑能安静下来，可以被放空的时候，情绪感受才有了被容纳的空间，才能进到你的意识和感觉里，和你相遇、和你拥抱。

● 放一个情绪暂停"锚"

当你体验到不舒服，并且那些不舒服的感觉非常明显时，不要立刻做反应——压抑、释放或忽略——而是给自己按下暂停键，用 3 秒钟来看看这些不舒服都是什么内容。

在手心、手背、手臂或其他你觉得比较方便的身体部位，给自己设计一个"锚"。每当你体验到不舒服时，用一只手在那个位置用力按压（不要弄疼自己），就像这个部位是你感受的暂停键。如果你和梁墨比较像，那么在按下暂停键的同时，就迅速离开触发情绪的现场，待到情绪的体验有些淡去，没有那么强烈时，再开始后面的自我梳理：

我感觉不舒服了，刚才发生什么事了？

这个不舒服跟事件的哪个部分有关？

我这个不舒服是一种什么感觉？

这个感觉的名字是什么？

我感到愤怒，这个愤怒的背后还有其他感觉吗？

刚开始你可能无法立刻找到答案，但如果你经常这样做，你会发现答案在心里浮现的速度会越来越快。

你也可能发现自己没法为情绪命名，那么你可以去猜测情绪的名字：我感觉到了什么？

是生气吗？

是恐惧吗？

是内疚吗？

是悲伤吗？

是委屈吗？

是失望吗？

你必然会发现，一定有一款词汇符合你的感觉。当你找对了那个情绪的名字，你会体验到一种像是卡扣"咔嚓"一声扣到一起的感觉，就像：

啊，对，就是它！

此时你会莫名地有一种轻松感，就像是给你的感觉找到了家去安放。

这感觉开始在你的心里回荡，你会对它产生一种熟悉感。以后当它再次来到你心里，你将很快辨认出它来。慢慢地你对它越来越敏感，它也将因为被你看见，被你接纳而趋于平静，那么你的身体、肌肉和神经再也不会时刻拉伸着，而是能处在较为放松的状态。这将让你的身体逐渐变得轻盈美好，充满活力，让你的面部线条更加柔和，皮肤也更富有光泽。

当你对情绪情感的复杂性有足够的认识，会让你对自己和他人更宽容，更能理解自己为何在某些时刻那么纠结矛盾，也更能接纳那些看起来不可理喻的人。只有当你能深深地理解自己、宽容自己，你才能做到理解他人、宽容他人。那些会苛责他人的人，往往对自己也有很多责难。一个能够允许自己脆弱的人，在看到别人脆弱的时候，才不至于惊慌失措，不至于批评嘲笑，而是能够坦然地看见那一切，并且接受那一切。

柴静在《看见》里说："宽容的基础是理解。宽容不是道德，而是认识，唯有深刻地认识事物，才能对人和世界的复杂性了解和体谅，才有不轻易责难和赞美的思维习惯。"

我是深深同意的。

情绪隔离的人

和梁墨刚好相反，陈晓宇是一个很少体验到生气的人。

陈晓宇通过相亲认识了现在的男朋友，恋爱有半年多了。男朋友各方面条件都不错，就是经常在约会时放她鸽子，当然每次他也都有道歉，也会解释原因。要么是临时被叫去陪客户喝酒，要么是突然公司有事需要他加班，反正都是不得已的正事儿。

有一次陈晓宇过生日，刚好男朋友去外地出差，忘了为她庆祝生日，她没觉得有什么问题，因为男朋友确实就是工作狂，忙着为他们将来的日子赚钱积累，忘记一些小事情也是很正常的。但是当她跟闺蜜说起这件事时，闺蜜却非常生气地说：你连这都可以忍，为什么他这样对你，你都不生气呢？

陈晓宇当时就被问住了。

她也很奇怪：对啊，我为什么都不生气呢？真的从来都不生气呢！过去她对此一直的解释是，因为我脾气好、善解人意啊。但是通过跟闺蜜聊天，她开始发现，虽然她不生男朋友的气，却很少主动找男朋友说话、互动，如果对方来找她，她也有些不咸不淡。两个人的感情关系就是很常规地吃饭、逛街、看电影，然后各回各家。陈晓宇经常觉得他们的恋爱很寡淡，没有多少甜蜜浪漫的感觉。

陈晓宇第一次意识到，也许她对男朋友是有生气的，只不过表现得非常淡，淡得几乎都感觉不到。而这场恋爱之所以谈得很常规，就是跟她很难感觉到自己的生气有关。因为当她屏蔽了对男友的失望和生气，其实也一并屏蔽了对男友的热情和爱意。就像人们在制作蒸馏水时，本意是想过滤对人体有害的重金属，却同时滤掉了人体需要的微量元素那样。

陈晓宇是个害怕生气的人。

在她的想象里，对某人生气并把那个生气说出来，或者让对方看出来，会让那个人受到伤害，进而让自己也受到伤害。她内心的逻辑是：

如果我表达出对别人的失望和生气，就像是我在攻击对方，在说对方做得不好。没有人愿意被否定，对方一定会因为我的攻击性而暴怒，进而反过来指责我、报复我，做一些伤害我的事情，那么我们的关系就彻底完了。

但这个逻辑里有一个明显的问题，那就是以偏概全，即用片面的观点去看待整体。我们可以说对方有可能不喜欢被否定，有可能把你的情绪表达理解为对他的攻击，有可能因为"被攻击"而愤怒，也有可能在愤怒时会反过来攻击你、伤害你。然而这一切都只是假设，而非事实的发生。

事实的情况是，他"有可能"会那样，而非"一定"会那样。

陈晓宇把自己的想象等同于现实，不给自己机会去尝试表达。这让她一直活在"我觉得"里，看不见经过现实检验的生活事实。而最糟糕的是，如果情绪感受不被感知、不被表达，她就无从知道自己对关系的期待，也无法感受到自己在关系中的需要，希望被怎样对待，在遇到关系的冲突时，也难以作出合适的应对方式。有一部分真实的她被卡在身体里，无法自由舒展地生活。

❀ 情绪是自我的声音

陈晓宇们需要在思想上明确：

情绪是好东西。无论正面情绪还是负面情绪，都是好东西。

积极正面的情绪在告诉你，你喜欢什么，你需要什么，你享受什么，你是什么样的人；消极负面的情绪在告诉你，你希望如何被对待，你讨厌怎样的情境，你对他人有什么期待。

情绪是来爱你和帮助你的，它们在告诉你：

你是谁，你有什么需要，你有什么愿望，你对他人和世界的感觉，你想拥有什么样的人生。

把情绪当成你的孩子。试着敞开自己，去欢迎所有情绪，而不是对情绪有分别心（喜欢积极的情绪，排斥消极的情绪）。你不妨想象一下，如果父母只偏心某个孩子，那对其他孩子多么不公平。这样的分别心可能让没有感受到爱的孩子变得愤怒，进而作出攻击性的行为，通过这样的方式来吸引父母的关注。

如果你在抗拒某种情绪，那个情绪也会像小孩子一样，想尽一切办法让你看见它。

比如梁墨的故事。

梁墨真正的情绪其实是失望，她太失望了，她对母亲失望，觉得母亲不是她想要的那种细腻、耐心、情感丰富的母亲。她对男朋友也很失望，觉得男朋友不是她想要的那种体贴、温柔、照顾周到的男朋友，可是她又不能承认那些失望，无法与那些失望共处，所以她用愤怒代替失望去表达。

她每天都在极力避免失望的情绪，这反而让她对负面的人和事变得异常敏感。因为负面意味着危险，而潜意识的特点就是对特别的、痛苦的事物非常关注。这导致她陷入某种负面情绪的恶性循环里：越怕什么，越来什么。

❀ 情绪是流动的水

作为心理咨询师，我经常被问到的问题是：你每天和别人的负面情绪打交道，就像情绪垃圾桶一样，会不会受不了？

人们会这样问，其实是因为她们对情绪缺乏了解。在人们的想象里，情绪这个东西是固体的，一成不变的，内容也比较单一，而人的内部空间像个容量有限的桶，时间长了，这些固体的情绪会堆积如山，而且无法自行降解融化，就只能演变成"垃圾"。

实际情况当然不是那样。

情绪更像是流动的水，这水看不见也摸不着，却能被清晰地感受到。

对情绪感受有经验的人都会发现，任何一种情绪，从体内开始升起直到逐渐消退，都有一个周期。也就是说，只要你敞开自己的身体和内心，允许自己感受那个情绪在身体里的升起和消退，那么你将发现，它们可能只需要短则几秒，最长也不过几分钟就会散去，变得消失不见，就像它们从没有来过似的。而你——无论是你的身体还是你的感受——还是本来的样子，丝毫没有因为情绪的来去而发生变化。

基于情绪的这种特性，你可以经常把自己想象成稳稳的大山，而情绪则是从山脚下淙淙流过的溪流。

这个溪流只是大山的一部分，你要看着它，允许它从你身上流过。你并不会因此就变成溪流，也不会被溪流摧毁，更不会被溪流淹没，因为你知道，当溪流过去以后，你还是大山，你依然稳稳地扎根于地球，而溪流，仍然是溪流，溪流只是你的一部分，它永远不可能代替你成为大山。

当你感受到强烈的情绪，却没有人可以陪伴和安慰你时，你可以自己一个人静静地待着，让那个情绪在身体里流淌，然后一边感受那个情绪，一边在心里安慰自己说：

此刻我感觉非常恐惧。

因为某人某事，我害怕我会被惩罚，我害怕我不再被喜欢，我害怕我会失去一切……

这就是我现在的感觉，我要陪伴我的感觉。

但我知道，我不是一个恐惧的人，我只是一个感受到恐惧情绪的人，我是这个恐惧情绪的主人，它不会摧毁我，我有能力驾驭它，我就像大山，而它只是溪流，只要我不主动封堵它，而是允许它流动，它就无法淹没我。

我爱我自己，我要陪着我自己，我有能力爱我自己，也有能力陪伴我自己。

你还可以伸出双臂环抱自己，想象自己正在一个温暖安全的怀抱里。当你熟悉了自我陪伴和自我安抚的方式，或许你还能根据自己的个性特点和语言习惯，自行发明更多好方法，你自己创造的方法一定最适合你。

3. 可以"挣"来的安全感

"挣"这个字是多音字，一读 zhēng，是动词，取努力支撑之意，比如挣扎；一读 zhèng，也是动词，是用力摆脱，努力取得的意思，比如挣钱。

这里的"挣"，读作 zhèng，挣钱，挣安全感。

我们都知道，一个原本没有钱的人，可以通过劳动挣到钱。那么来到安全感的问题上，也是一样的，一个原本没有安全感的人，也可以用有效的方式挣到安全感。

众所周知的是，有些人真是有天生的好运气，他们刚好出生在衣食无忧的家庭，长大以后要去挣钱时，还能得到父母的指导和资助。而另外一些人运气却很不好，他们的父母非但没有钱，还不懂挣钱的方法，甚至有些父母都没有"人应该自己去挣钱"的思想。

那么，在安全感的问题上，也有类似的情形。

当你决定去挣钱时，父母给你的原始积累（知识、能力、资金）越多，你开始得就越轻松，挣得也越多。如果你运气不太好，父母什么也给不了你，而你又想挣到很多钱，那就只能靠自己努力了。你得先学习正确的挣钱理念，掌握好的挣钱方法，再给自己一定的耐心和时间，然后坚持不懈地实践、试错、调整，这样一段时间后，大概率你是能取得成功的。

那么，在挣到安全感这件事上，也需要经历差不多的过程。

温柳的故事

十多年前我刚认识温柳时，她正处在热恋中，一切都以男朋友为中心。她总是担心自己如果做得不够好，就可能被男朋友抛弃。跟男朋友出去逛街，她明明喜欢上一件衣服，却不会说出口，生怕男朋友觉得她花钱大手大脚。被男朋友的前女友当众挖苦，她只是尴尬地笑，却不敢发作，因为害怕男朋友觉得她脾气不好。当时的老板很器重她，想提拔她做部门主管，却被她果断拒绝了，理由是升职后工作会很忙，没有太多时间陪男朋友。

那时候我不太理解温柳，还笑话过她没出息。她却没有生我的气，只是淡淡地解释说，她只是对爱情没有安全感，但她正在努力。我"哦哦"地应着，心里却不太明白这句话的真实含义。直至我去她家里，见了她的父母和兄弟姐妹。

温柳家里有五个孩子，她是第三个，她上面有两个姐姐，下面有两个弟弟。她父母的关系非常糟糕，经常互相指责，大打出手。母亲至今都在记恨当年她生了温柳之后，丈夫嫌弃她生不出儿子，对她横眉冷对的情景，她时常诉说自己如何在月子里就着冷水洗衣服，如何身体疲惫导致奶水不足，温柳饿得哇哇大哭，却没有人帮她抱一抱孩子。温柳的妈妈第一次见我，就拉着我痛诉自己丈夫的黑历史，还哭得一把鼻涕一把眼泪，我偷眼看看温柳，她只是坐在旁边低头不语。

那一刻我体会到温柳的恐惧，深深明白她为何如此依恋男朋友。因为在她的家里，没有她所渴望的爱、温暖和希望，她想通过自己的努力去创造和原生家庭不同的家庭生活。为了这个目标，她愿意付出所有能付出的努力。

温柳告诉我，她在很小的时候就意识到，她的家庭不太正常，跟别人的家庭不太一样。她小心观察自己的父母和兄弟姐妹，思考全家人某些反应的背后的真实含义。她早早地明白到，父母亲超级没有安全感，遇到问题时只抱怨而不去解决问题，他们照顾自己都困难重重，就不用再提对孩子们的照顾了。

及至长大之后，温柳读了很多很多书，又花了很多时间观察和思考自己，每一次重大的人生选择，都让自己睁大眼睛，认真斟酌，仔细思量。后来她和男朋友结了婚，生了两个健康可爱的孩子，就此开启全职主妇的职业生涯。

如今身为全职主妇的温柳，却没有全职主妇常有的焦虑和不安全感。她把生活安排得井井有条，两个孩子又很独立，又能互相帮助。她和丈夫的感情也很稳定，两个人会经常进行深度交流，遇到问题了一起解决。当她感到婚姻不能全然满足需要，也曾经和丈夫闹别扭、吵架，甚至讨论离婚，但无论生活发生了什么，都不会影响她的安全感，她告诉我："如果不小心离婚了，我一个人带着两个孩子也能过得很好。所以有些事情我绝对不会退让，是我的问题，我改，是他的问题，他也必须要改。"

这十多年里，我和温柳一直保持着密切的联系。在我的一众朋友里，温柳就像是哲学家和思想家。我经常只要有空就找她聊一聊，人生、社会、爱情、育儿、交友、文学等任何话题，她都有自己的见解，并且总能给我一些启发。我欣赏她、尊敬她，也非常喜爱她。

温柳说，她的安全感纯粹是靠自己一点一点挣回来的。

我回答说，是啊。

❀ 停止向外索求

要回答"如何'挣'安全感"这个问题，仅仅讲述温柳的故事是远远不够的。实际上本章后面的部分，将全部围绕"挣"安全感的理念和方法进行阐述。你可以直接跳过去阅读它们，但是我认为接下来我要跟你分享的比后面的内容重要十倍、百倍、千倍。所以，请你千万不要忘了一定回来这里，把这部分内容认真读完。

我曾经开过一个线上课，名字叫"女神成长计划"，记得我最初把这个想法告诉朋友时，她的第一反应是：你是不是要给学员们列书单，教她们提升仪态，怎么巧笑倩兮，怎么端庄得体？但你又不是礼仪老师，你要怎么教她们呢？

我很理解朋友的想法。可能很多人都是这样，想要把自我提升的愿望落到实处时，总是率先想到要学习什么知识，要掌握什么能力，要提升什么素养，要找到什么榜样。

这是因为，当人们对生活不满意时，就会想找到导致不满意的原因：缺技能、少经验？学历不够高、关系不够硬？性格太内向、不懂人情世故？无论他们找到的原因是什么，无一例外都是他们认为的缺点、毛病、问题。

但遗憾的是，这些"缺点"都不是那么容易改善的，所以被发现以后，它们动不动就跑出来刺激你。在一次又一次的刺激中，人们对自己越来越失望，越来越不满，慢慢地消耗着心中的力量，直至变得无力和无助。

没有人喜欢让自己一直待在那样的状态。

他们渴望得到帮助，渴望不同的更加好的生活。然而，由于过去的内在消耗实在太大，使得他们不认为自己具备成长的能力和资源，于是就只能去外面寻求，寻求他人的知识、他人的智慧、他人的经验、他人的思想，来填充自己、补足自己、装点自己、构建自己。

其实，我曾经就是这样的人。

❀ 做你自己的人生导师

我年轻的时候——大约是 20 世纪 90 年代中期——曾经有一段时间集中读了很多名人传记，看了一本又一本。我希望从别人的成长经历中总结出他们之所以卓有成就的关键因素，好让自己有所学习和模仿。

或许你已经能想到，最后我肯定是一无所获的。因为很多名人要么出身世家，要么恰逢特殊的时代，要么有着某种传奇的机缘，而我却如此普通平凡，又恰逢太平盛世，他们身上能让我借鉴的东西实在太少了。

到了 90 年代末期，我又迷上各种工具书：记忆的方法、演讲的策略、学习的技巧，包括如何策划一场完美的活动，怎样经营一家小店，如何成功创业，等等。

这些工具书对我有帮助吗？

我想说，是有的。

它们让我得到一种"我正在帮助自己"的感觉，给了我一些精神的力量，很大程度上缓解了我当时的焦虑和无助。可是在现实的层面，它们并未教会我任何技巧和能力，也没有帮我成为我喜欢的样子。

在我们的生活中，有很多人都像当年的我那样，试图找到一个成功人士，听取直接的建议和方案，然后自己去照着做。但最后他们都会感到失望。因为别人创造出来的方法和技巧，大多都是基于自己的人格特点、知识背景、生活经历等因素的，不见得适合所有人。

当我足够了解自己之后才发现，我之所以不能很好地掌握别人的方法和技巧，一方面是因为我并非绝顶聪明之人，但更大的原因是，我的思考方式、学习习惯、气质类型、知识背景和天赋能力等内在的因素和写工具书的作者们大不相同，导致他们教的东西确实很棒，但我吸收的却非常有限，在生活中的使用和练习机会也没那么多，最后的效果自然大打折扣。

炒菜的时候，同样都是"盐少许"，在不同人那里就有着不同的数量；在亲密关系里面，同样都是"多沟通"这句话，在不同人那里也有着不同的意思；在"美是什么"的问题上，不同的人会有不同的理解。

如果要炒出口味适中的菜，你势必需要很多次尝试，直至找到你自己对"盐少许"的感觉；如果要拥有幸福的亲密关系，你也需要回到自己的内心，通过思考、观察和理解，慢慢找到属于你的沟通风格；同样，如果要成为内外兼修的女神，活出自己喜欢的样子，你也需要回到你自身，去创造属于你的理念、方法和技巧。最后你终将发现：

所有能帮到你的智慧、能力和资源，其实一直都躺在你身体的某个角落，等着你去发现它们，使用它们。

就像是你的身体里住着一位人生导师，并且是你私人专属的人生导师。你的导师有很多好办法、好技巧、好策略，这些好的办法、技巧和策略比任何一个你读过的工具书的作者都厉害，不但能指引你过好自己的生活，还能帮你成为你心目中的读者。

而你要做的，只是去看见她，并允许她发挥她的智慧和她宝藏般的能力。

❀ 发挥你的内在资源

成为自己的人生导师是一种什么体验？那就是：

无论生活里遇到什么样的状况，你都有一种"我可以"的感觉。

你知道该如何应对那个状况，起码是清晰地知道要去的方向，有能力为自己想各种办法和解决方案，并一一去尝试。哪怕是遇到了非常糟糕的事情，你会痛苦、会害怕、会无助，但你不会被那些感受淹没、摧毁，更不会觉得世界末日降临了。你笃定地知道自己怎么了，别人怎么了，事情怎么了，所以不会慌乱地到处去问别人"怎么办"，而是稳稳地和自己待在一起，沉着应对所有一切。

也许我们对"美是什么"有着不同的定义，但我相信你一定会同意：

能够让我们觉得是女神的人物，内在里总是很有力量的，从容淡定的，她们相信自己，也坚守自己的选择，不会轻易被生活打倒。即便受伤了，也拥有自我复原的能力。

亲爱的读者，我描绘的这幅图景是否也让你感到心动，跃跃欲试地想要开始去行动呢？你一定很关心，要成为自己的人生导师，拥有美好又富于力量的内在状态，具体要怎么做。

那么我要说的是，此时此刻你已经在开始做了。

当你读到这里，就意味着你已经踏上了自己的人生导师之路。因为本书前面的很多内容已经或多或少进入了你的潜意识，你已经在成为自己的人生导师了，只不过你还没有感觉到。我想到塔罗牌里的 0 号牌"愚人"，"愚人"代表新生，新生婴儿总是拥有无惧无畏的精神和蓬勃的生命力，用一双充满热情和童真的眼睛看世界，在代表新生婴儿的"愚人"眼中，一切都是新鲜的，充满吸引力的，等着他去发现和了解的。

此时刚刚踏上人生导师之路的你，就像是新生的"愚人"，时常打开你的好奇心，对自己好奇，对他人好奇，也对世间万物好奇。你将发现，自己变得更丰富了，生活变得更美好了，旅程变得更有趣了。

想要帮自己"挣"到安全感，你就需要把"成为自己的人生导师"作为努力的方向，只有当你唤醒正在沉睡的人生导师时，你才能真正拥有安全感。而唤醒你的人生导师的第一步，就是培养对自己好奇的习惯，经常向自己的内心追问"为什么"，比如：

我为什么喜欢某人？

我为什么讨厌某人？

我为什么总爱迟到？

我为什么经常生气？

我为什么不愿意沟通？

我为什么不喜欢自己的某个部分？

我为什么总是在失恋？

我为什么……

当"为什么"浮现在心里时，你需要用心去探索最贴切的答案。并且，那答案要围绕你自己来进行，换言之，你的答案不能是"别人不好、社会不好、时运不济、只是不小心"等外在的原因，而应是"我感觉、我以为、我在想、我期待"等内在原因。

更重要的是，当你在对自己好奇时，你的目标是认识自己、了解自己，而不是去挑剔自己、责备或评判自己。

❀ 如何了解自己

让我举两个例子，来谈谈对自己好奇的正确姿势。

例一：

你和爱人因为某事吵架了，你非常生气，气到再也不想理他。

过了一阵子之后，生气的感觉慢慢淡去，你的情绪逐渐恢复冷静，你开始对那个生气的自己产生好奇：

我为什么那么生气啊？

是他的什么让我那么生气呢？

在我生气的时候，其实我的诉求是什么？

我想让他怎么对我，我就不生气了？

我生气的时候，为什么需要用那样的方式表达？

为什么我不能直接说"我生气了"？

你的答案可以是：

我在害怕他可能不爱我了，我觉得他让我受委屈了，我想让他知道我不能接受他的方式。

不能是：

我情绪管理做得不好，他性格太自私了，男人就是情感粗糙。

前者在探索你对自己的理解，后者要么在责备批判自己，要么把问题归因于别人或外在环境。

例二：

你遇到了一件两难选择的事，朋友和家人给了你各种各样的意见，有一些是相反的意见，然而你却觉得他们说得都很有道理，这让你感到焦虑彷徨，无所适从，实在拿不准自己到底该如何做选择。

那么此时你也可以对自己好奇：

为什么我觉得他们说得都对，哪怕是相反的意见？

为什么我没有自己的看法？

这说明了我自己的什么？

对于我来说，到底什么才是最重要的？

我为什么无法回答类似这样的问题？是什么阻碍了我？

你的答案可以是：

我害怕选错了导致严重的后果，我不敢相信自己的感觉，我希望自己的选择被所有人认可。

不能是：

我就是瞻前顾后的人，我爸去世太早没人帮我，这种大事谁都很难抉择。

原因是前者在探索自己的内心，而后者要么在批判自己，要么是把问题归因为他人或环境。

❀ 安全感的来源

当你就着好奇心对自己了解越多，你的心理安全感就越多，你也越可能焕发由内而外的美感。

人类进化的这数百万年里，早已发展出来一种本能：

努力了解这个世界，减少对世界的未知。

所以我们要学习物理、化学、天文和地理，不断寻找这个世界的规律。早上太阳会在东方升起，到了傍晚一定会在西方落下，下雨了地面就会湿滑，下雪了天气会变得寒冷。这些规律不但让我们根据已知的情况——下雨了就带把伞、寒冷了就穿冬衣——有秩序地安排生活，还能调整心理上的预期——下雨就是湿乎乎、寒冷就是不舒服，而不至于带着心理上的压力去生活，使得一切都在掌握之中，让生活趋向于自由和轻松，这可以让人们感到踏实，即拥有心理上的安全感。

那么在"了解自己"这件事上，原理也是一样的。

确定感、可控感和秩序感，是心理安全感的重要基础。

内心所有的焦虑、恐惧、无助，生活里的诸多不如意、不顺遂和痛苦的关系，都是因为对自己缺乏了解。

一个不了解自己的人，就不知道自己为何出现某种行为或某种感受，无法理解这种行为和感受的意义，他的行为和感受是无序出现的，说不好什么时候他就生气了，也说不好他生气时会怎么反应，一切都是随机的、模糊的。

找不到自己内在世界的规律，自然也无法管理自己和自己的生活。就像生活在一个陌生的、无法预测和掌控的空间里，对自己有很多困惑和不理解，所以当一些事情发生了，就会倾向于从道德、好坏、对错的角度评判自己，然而这样的做法非但不会让那些"错误"的行为和感受消失，反而还会使其被强化和放大，以至于陷入内心恐慌的状态。

人在恐慌时会无法正常思考，这会让你更加看不清自己。如此恶性循环下去，人们就会产生一些糊弄自己的方式来应对这一切——焦虑了就吃东西，生气了就花钱，空虚了就找陌生的异性，无助了就蒙头睡觉，等等。

虽然我在本章详细教你如何了解自己，但我认为这本书只是为你打开一扇门而已。走进来之后，还需要自己花很多时间慢慢观察和体会，因为了解自己，成为自己的人生导师，是值得你用一生去学习的功课，有很多无与伦比的价值。

往大的层面说，当你越了解自己，就越淡定从容，面对生活的纷纷扰扰，就有越多的因势利导和顺应天意，会让你最大限度成为自己生活的主人，让生活稳稳地掌握在自己手中。从小的层面说，当你足够了解自己，知道自己是怎样的人，有什么需要，秉承什么样的价值观时，在生活中做出选择时，内心就会很少有纠结，可以像自己的人生导师一样，坚定地告诉自己：

我决定这样做，我不要那样选——无论你要做的选择是一件衣服、一份工作，或者是一个男人，都能那样笃定、那样踏实、那样自信。

4. 在梦里获取心理安全感

在本书的第二章，你已经学习过如何从脸型、发型和身形等各方面了解自己。通过对前面章节的阅读和练习，你已经发现，了解自己也可以从外表形象入手，并且那么直观明了、直抵内心。

你势必也能意识到，通过外形来了解自己很简单，还很便于操作，因为你的身体可视、可感、很具体，也容易与他人进行区分和归类。但是要了解你的内心却没有那么容易。因为和身体相反，我们的内心无法被客观地看见，你不知道它的颜色，不知道它的气味，当然也无法知道它的形状，却又能真切地感受到它，你知道它是存在的，并且时时都在对你产生影响。

内心世界这种模糊的、不确定的特性，可能是有些人拒绝了解自己的原因所在。

在这个世界上，有什么东西是你看不到它，不了解它，却被告知它是存在的，并且有时你也能感知到呢？

那恐怕就是传说已久的"鬼"和"神"了。

"鬼"，一直是恐惧的代名词。

在人们模模糊糊的感觉里，那个未知的自己，其实和"鬼"是差不多的存在。你看不到它，也不了解它，却能清清楚楚地感觉它的存在，所以会觉得很可怕，害怕失控，害怕面对，害怕被证明自己是错的、不够好的、没有价值的。

❀ 梦是潜意识的通道

如果你对自己有足够深入的多层面、多维度的了解，就可以很大程度上去除对未知的恐惧，提升心理上的安全感。

梦，是进入内在潜意识的最重要的通道。

人在进入睡眠之后，大脑主宰的思维就会彻底放松，人的情绪和情感就可以自由驰骋，而情绪情感又会带动身体神经系统的活跃，于是就产生了梦这种生理和心理现象。

梦，是潜意识的产物，是人类潜意识的重要载体，也是自我的重要组成部分，所以——

做梦是一种生理需要，而不是心理需要。

美国心理学家的研究表明，当人在睡眠中做梦时，往往意味着他进入了快速眼动状态，而眼球的快速转动可以重新整合创伤记忆的碎片，宣泄滞留在身体里的负面情绪，整理大脑里的思维模式，对人有很多重要的作用。其中最重要的作用就是宣泄情绪，其次是创伤修复、整合记忆、思维整理、内心探索等。所以那些经常做梦的人，往往内在里也蕴藏着无限的潜力，他们的情感更加细腻，想象力更加丰富，在遇到挫折时也更有自我帮助的心理动力。

❀ 健康人都会做梦

那么问题就来了，既然梦对人们这么重要，为何有些人却从来都不做梦呢？

答案是：他们并非不做梦，而只是不记得自己的梦而已。潜意识和意识之间就像有一堵墙。有些人的墙厚一些，他们不容易记住自己的梦；还有一些人的墙相对薄一些，他们经常能清晰地记住自己的梦。

事实上真正不做梦的人，往往预示着心理功能严重受损，使神经系统失调，丧失了自我调节的能力，进而发展出严重的精神和心理疾病。有些精神病人就从不做梦，因为他们的大脑功能受到严重损伤，失去了自由想象的能力——梦境其实是想象力的产物，而想象力是修复心理创伤的重要基础。

大约有如下三个因素让身体健康的人从不做梦：

第一，在我国民间，"失眠"和"多梦"总被认为是一对孪生兄弟，这导致大众在认知上觉得"多梦"是一种健康问题。为了让自己趋向于"正常"，有些人会努力屏蔽梦的讯息。

第二，梦就像孩子，你关注它越多，它就越活跃、越积极地向你伸出小手，要和你亲近，想让你抱抱它；如果你长时间忽略它，它就会蔫蔫儿地缩在角落里，熄灭自己的活力，假装自己不存在，离你远远的。

第三，当一个健康人从不记得自己的梦，甚至对于梦的体验毫无印象，那意味着他们距离自己的潜意识很远，很少关注自己的内心，很少思考自己的需要，也经常会隔离或否认自己的情绪感受。这可能让他们缺少热情和活力，在人际关系中显得刻板或表面化。

❀ 现在就关注你的梦

所以，亲爱的读者，我想真诚邀请你关注自己的梦，因为它是通往你的内心、帮助你了解自己的最佳通道。

那些反反复复来到你睡眠里的梦，场景清晰得就像真实发生的事。包含着非常强烈的情绪的梦，往往都是潜意识在努力地叩击你的心门，诉说你的愿望，提醒你的感受，映衬你的缺失，探索你的需要，映射你的期待，提示你对生活、对自己的感受和想法。

潜意识总是忠诚于你，想尽一切办法去保护你。那么你该知道，如果梦没有实质意义，潜意识绝不会耗费力气去创造它。

因为，潜意识每时每刻都很忙很忙。

梦里蕴含着很多智慧资源，并且这些智慧资源都来自你、属于你，它们每天来到你的世界，是为了帮助你、爱护你、陪伴你。请相信，潜

意识永远比大脑知道得更多！

正是因为我深知梦的意义，所以当我在工作和生活里遇到难题不知道如何解决时，我都会去问我的梦。大部分时候它都能告诉我，我真实的愿望和感觉是什么，我怎么做会对我最有利。

读到这里，你心里是否在蠢蠢欲动，渴望回到你的梦里，去寻找你的智慧资源，探索你的潜意识声音呢？

❀ 认识梦的规律

我现在就来告诉你，该如何连接你的梦，如何理解梦里的潜意识语言，如何向你的梦叩问某个问题的答案。

● 梦的运行规律和现实生活是两回事

梦的运作机制和我们平时的思考习惯很不同。你要把梦理解成一幅画，它是直觉而非逻辑的，它是情绪而非思考的，它是画面而非文字的，它是象征而非直接表达的。

换言之，人的梦境就像是一件艺术作品，一幅抽象画，一尊雕塑，一首交响乐。去美术馆看一幅画时，你需要静静地站在画作面前，去感受它，感受它的色彩、它的构图，感受它所传递的意境和感觉。

如果你去问画家，你为什么这样画？你的画是什么意思？画家很可能会回答你：因为我想这样画，它进到了我心里，让我有创作的欲望，我就画出它来。

你梦里所有的人、事、物也是一样，它们就是进到了你梦里，你不需要追问它为什么进来，它是什么意思。你需要做的，是去感受梦里的画面，感受它的声音，它的线索，它所传递给你的感觉，去思考它的象征性，去提炼这个梦境的主题，就像画家给自己的画取名字一样。

如果要理解梦所传达的意义，就需要你能静下心来，去慢慢体会它，感受它，跟它产生连接才行。正是因为梦的这种艺术性，所以当你最初学习给自己解梦时，可能会感到一头雾水，糊里糊涂，那是很正常的。

如果是第一次听交响乐，大部分人都不会苛求自己一定要完全听懂。但是交响乐听得多了，同时又学习了一点古典音乐知识，慢慢地你就能找到听交响乐的感觉，不再觉得交响乐是一堆乐器胡乱响，而是能听到其中的韵律、味道和意境了。

对于梦的理解也是同样的过程。

你对梦关注得越多，对梦境的语言和画面就越熟悉，那么你读懂它的能力也会慢慢增强。更重要的是，当你开始关注你的梦境，潜意识在创造梦境时就会倾向于使用你能读懂的"语言"，即你的梦境会越来越简单、直接、容易理解。

● 梦里出现的所有人物，都和现实中的他们关系不太大

简单来说就是，梦里的老同学、旧同事、过去的邻居等，经常不是现实中的那个人本身，而只是一个代号，并且大部分时候这些人都代表

着你自己的一部分，或者代表着你对眼下生活中某个人的情感。

让我举个例子来帮你理解这段话。

假设你梦见了一个在现实中多年不见的老同学或旧同事，那么你需要知道，这个梦并不是说你在想念他（虽然不排除这个可能），而是你的潜意识通过这种方式对你说，你的某个部分的自我正在苏醒，渴望得到成长和发展。

如果是从这样的视角，你要如何理解这个梦呢？你首先要做的是问问自己：在我的印象中，这个老同学是什么性格的人？他的什么特质让我印象最深？

假如这个老同学是个热爱自由的人，那么你就会知道，潜意识通过创造热爱自由的老同学的影像来告诉你，在目前这个阶段，你的其中一部分自我非常渴望自由，希望像出现在你梦里的那个老同学那样自由自在地生活。但也许你的现实生活里存在局限性的情况，让你暂时无法做到那样。

又假如这个老同学是性格非常坚毅乐观的人，那么你的潜意识在鼓励你，像那个坚毅乐观的老同学那样，勇敢地面对眼下的处境。

一般来说，你不会无缘无故梦见某个人，尤其不会随便梦到现实中不常见面的人。所有出现在你梦里的人，都是因为潜意识认为，他们拥有你渴望的或者缺失的特质。所以去探索梦里出现的人，在你心目中有着什么样的形容词就显得很有意义了。

● 梦里的场景、故事和人物都是虚构的，但梦里的情绪和情感却是真实的

梦只是要通过那些虚构的场景、故事和人物来告诉你，你的感觉、需要和想法。就像画家在绘画自己的作品时，用变形的人脸来象征痛苦，用阳光明媚来象征喜悦，是一个道理。

梦里的情绪都和你当下的生活息息相关。

如果你做梦的前一天发生了一些事让你很愤怒，但是由于种种原因没有表现出来或者没有发作，那么到了晚上你放松下来时，潜意识就会跑出来，为你创作一幅和愤怒有关的画，只不过那是一幅动态的、带有故事情节的画——你在梦里被人无力粗暴地对待，而你做出了和现实截然不同的反应，你愤怒地狂叫，追上去狠狠地揍对方。

你不需要担心梦里的故事会成真，因为这个故事是潜意识虚构出来的，为了给愤怒的情绪找到出口，让白天里升起的愤怒情绪得以在梦里疏解出去。让你发泄了愤怒，又不至于损伤现实的关系，同时也体验到了自己的力量。简直完美。

梦就是这么棒的一个好朋友。

● 你的梦里的内容全部都是关于你自己，和其他人没有什么关系

这个很容易理解。是你创造了你的梦，所以当然梦里的所有内容都是在诉说你自己的内心，而不是在诉说别人。充其量你的梦会诉说你对别人的感受，对别人的理解。比如当你梦见丈夫破产了，你和家人流离

失所，无处安身。这个梦并不是预示着丈夫有破产风险，换言之，这个梦跟丈夫没有关系，因为这是你的梦。

这个梦很可能在说，你对生活没有安全感，你在害怕丈夫失去他的能力，以至于不能继续给你保护和依赖，你正在担忧你们的家庭是否面临风险。由于潜意识的包装功能，梦里的丈夫还有可能是其他人的替身，比如你的父亲，或者你的前男友。所以这个梦也可能在诉说过去的经历带给你的感觉，是一些很久远之前的恐惧记忆，被你当下经历的类似情境给激发了出来。

梦没有逻辑，是直觉化的，梦是一幅有象征意义的艺术作品，所以不能用现实生活的视角来分析。你要关注的不是梦里的破产，而是在梦里，当丈夫破产之后你的感受和反应，后者才是你的梦真正要表达的，想邀请你关注的。

在梦里的破产只是一幅画，那幅画带给你的感受才是核心。请一定注意这一点。

❀ 解梦和孵梦

亲爱的读者，理解了梦的语言模式之后，相信你会慢慢掌握理解梦的能力。从今天开始，每当你做了一个梦时，就试着去回想梦里出现的感受吧！就着那些感受去问自己：

这个感受我熟悉吗？

以前曾经出现过吗？

这个感受让我联想到什么？

它和什么有关？

在我的生活里，什么事或什么人曾经带给我类似的感受？

如果你能沉下心来体会这些感受，通常都能轻易地回答这些问题。但如果你进入联想和自我对话很困难，觉得无法回答这些问题，那也很正常——刚开始接触梦和自己的内心时，大家都是这样的。这时你只需让自己在清醒的时候回忆那个梦，并让自己感受梦里的感受，让那个感受在你的身体里回荡一会儿，仅仅是这样做，就能对你自己有很大的好处。那将让你距离自己的内心更近，对自己的感受更敏感，也更接纳，也将让你养成和自己在一起的习惯，这对于你了解自己、接纳自己、爱自己，是非常有帮助的。

当你在生活中遇到什么想不明白的事，你还可以去请教你的梦。

具体的方法和步骤是：

①经常在心里默念那个你想不明白但又特别想弄明白的事，让它在最近的几天都成为你生活的重要内容。

②拿一支笔和一张纸，把这件事写下来，同时写下你对这件事的思考和分析，然后在纸上画几个大大的问号。

③找一个朋友去聊聊这件你想不明白但又特别想弄明白的事，详细地跟朋友说说这件事情的始终，你对这件事情的思考和观察，同时询问朋友对这件事的看法和评论。

④到了某个晚上，不要看情节激烈的电视剧，也不打游戏，不参加喧闹的聚会活动，让自己处在一个相对安静的状态。然后在临睡觉之前，闭上眼睛，把手掌贴在额头上，把注意力放在胸口的位置，轻轻地说三遍：梦啊梦啊，请你告诉我某某事的答案吧，我真的很想知道，谢谢你！

⑤让自己在安静的状态下沉沉地睡去，用心准备和梦里的自己相遇。

很有可能你一次就成功，梦会用一幅动态画来告诉你它的答案。但也有可能它的画面不太清晰，让你难以理解。那么第二天你可以继续这个流程，直至你读懂了它。

5. 如何让内心更有安全感

林清丽皮肤白皙，眉眼明艳，高鼻梁小嘴巴，下巴恰到好处地微微翘着，给这张脸平添几分俏皮，几分妩媚。见过林清丽的人都说她很漂亮。

但林清丽只是漂亮，却并不美，或者也可以说她气质不太好。林清丽身高 163 厘米，在亚洲女性里属于中等，身材比例也蛮好的，但是无论多么高档时尚的服装，只要到了她身上，总能透出一种城乡接合部的味道。这让她很是苦恼，于是来到形象心理咨询室。

芯语通过仔细观察和交流，发现林清丽的根本问题是溜肩，走起路来经常耸着肩缩着脖子，要么就是不自觉地往前伸脑袋，就像是脑袋牵着身体去走路。

其实不只是林清丽，很多女明星也有类似的问题。她们固然可以通过形体训练来矫正体态，但如果她们能认识到人的体态和情绪压力有直接关系，会更能从根本上解决问题。

在漫长的农耕时期，人的肩膀常用来背负重物，所以人内心深处的压力感，会首当其冲体现在肩膀上。从这个角度来说，溜肩不只是仪态问题，更是心理压力在肩膀上的体现，就像是"生活的重担把肩膀压垮了"。而走路时无意识地头向前伸着，像不像一个人拉着沉重的车，费力地前行的姿态？

无意识地耸肩的人，多是因为潜意识有恐惧的情绪。你不妨想象一下，你好好地在街上走路，忽然听到巨大的响声，或者感觉上面似有东西正在坠落到你身上，那个瞬间你会缩头耸肩，这是一个保护自己的动作。

心理上长期缺乏安全感，会体现在身体的体态上。这也是心理咨询能把人变美的原因。当一个人内心里感到安全、安定、有力量时，皮肤会显得富有光泽，眼睛会很有神采，身体各个部分会很放松，走起路来体态也更优雅挺拔。

该如何进行心理调节，以达到这样的好状态呢？在本节里，我们就安全感的话题再进一步做分析。

❀ 什么是安全感

百度百科对"安全感"的解释是：

所谓安全感，就是渴望稳定、安全的心理需求，是属于个人内在精神需求的部分。

美国心理学家马斯洛解释说：

安全感是一种从恐惧和焦虑中脱离出来的信心、安全和自由的感觉。

在有些人的概念里，金钱、婚姻和安全感是直接挂钩的。他们觉得：

有钱就有安全感，有房子就有安全感，结婚了就能有安全感。

还有一些人觉得：

什么都跟别人差不多，别人有的我也有，别人怎样我也怎样，这样我就会有安全感。

你也许会很想知道，作为有着丰富执业经验的心理咨询师，我是如何看待这个问题呢？

我认为安全感有三个层面。

第一个层面是身体的安全，即客观现实的部分。周围环境里有没有富于攻击性的冷酷坏人，有没有爆炸陷阱，有没有足够的水、食物和御寒的衣物等。

第二个层面是心理的安全，即心理现实的部分。你是否正处在安全稳定的亲密关系中？身边是否有值得信任的人？是否有被爱、被保护、被接纳的感觉？是否感到正身处可预测的稳定的生活里？

第三个层面是精神的安全，这是信仰和文化的部分。你是否可以拥有自己的自由意志，是否可以拥有自己的思想和信念，国家、民族和文化是否能给予你信心和自豪感。

在我们中国的国境范围内，只要你生活在城市或很多人聚居的乡村，又能做到遵纪守法，不主动招惹坏人，那么在现实环境层面，你基本上都是安全的，不需要太担心现实的安全感。我们的文化源远流长，能给予我们足够的民族自信心和自豪感，只要你热爱祖国和拥护党的领导，那么在精神上也会拥有非常广阔的自由空间。

所以在这里，我们更多谈论的是心理层面的安全感。

❀ 终生发育的大脑

在心理感觉上，安全感就像小婴儿回到母亲的怀抱。这个母亲是温情的、柔软的、敏感的、有包纳性的，总是微笑地充满爱意地注视着你，无论你是什么样子，无论你有着怎样的需要，她都耐心地和你在一起，她不会评价你，不会审视你，她只是看着你、拥抱你，允许你的一切自然地发生，在她那里，你始终是可爱的，也总是令人欣赏的。

安全感也像是父亲的臂膀，这个父亲是勇敢的、睿智的、坚韧的、富有力量的，他总是守在你身边，保护你的安全，为你提供支持，这些支持包括身体的、精神的和物质的，他还会告诉你你是谁，为你指引方向，为你提供榜样性的示范，每当你遇到艰难险阻，他会以他的经验和智慧来告诉你，这是怎么回事，然后用坚定的目光鼓励你，推动你向前走。必要的时候，他还会走上前来帮你一把。

我们每个人，自出生之日起就在追求这样的安全感：母性的温暖和父性的力量。对于人的心理发展来说，只要拥有这两个部分的经验，那么安全感就能在身体和心灵深处驻扎，这些安全的感觉，将会被复制到其他关系里去，进而给人们的内心和生活带来积极正向的循环效应。

这个过程也有一定的生理和神经科学的依据。

科学家的研究发现，当婴儿刚刚从母体里分娩出时，和身体的其他器官相比，大脑的分化程度最低。所以大脑的后续发育主要取决于基因规划的神经系统的成熟过程，尤其是取决于人际关系的体验过程。

这段话如果翻译成大白话，它其实是在说：

胎儿在子宫里时，大脑的发育程度比身体器官要落后，所以大脑的发育更多仰赖于出生之后神经系统逐渐自然成熟和人际关系的互动所带来的心理体验。

如果婴儿有幸得到优质的父爱和母爱，那么毋庸置疑，他的身体、心理和精神的层面就会植入一种叫做安全感的感觉。或者还可以说，在这个婴儿的大脑里，有一条叫做"安全感"的神经线发展得很完善、很敏感、很粗壮，可以在任何时候支持孩子的自我系统，让他在面临困难时拥有勇气，在人际关系里自然放松，心理现实和客观现实趋向一致。

那么问题就来了：也许你就是没有那么好运，由于种种原因，经常都觉得自己没有安全感，是否有什么补救措施吗？

答案是：当然有。

首先我要告诉你一个好消息，那就是：

人的大脑不像身体的其他器官，大脑不会因为你已经成年而停止发育。正是因为大脑在出生时分化程度比较低，这让它拥有无限的可能，让它可以终生都在持续发育。

正是因为大脑有终生发育的特性，脑瘫患者才会随着时间推移慢慢发展出最初没有的身体机能；也正是因为大脑的这个特性，让一个人可以在任何年龄开始学习新技能，哪怕已经 90 岁了，也不在话下。

所以，亲爱的读者，你可以现在开始为自己补足安全感这一课，任何时候都不算晚，都是刚刚好的时刻。只要你秉承正确的原则，使用真正有效的方法，就可以激活你的脑神经系统，让大脑里那条叫做"安全感"的神经线持续发育，直至找到身体、心理和精神三位一体的安全感。

现在就让我们一起来聊聊，你具体可以怎么做吧。

❀ 安全感的具体内涵

为了方便你理解，我把提升心理安全感归纳为：一个知识点、两个基本点、三个关键点和一个基本原则。

首先是一个知识点。我希望你把下面这句话根植于心：

安全型依恋他人可以给你带来安全的感觉，有助于提升你的心理安全感。但是稳定的、持续的、充足的安全感最终必须来自你的大脑神经元的发育。

很多心灵鸡汤的作者都说，安全感需要向内求，你无法在别人身上得到安全感。实际上却不尽然。在我们的生活中，确实有一些人会让你感到很安全，你只要跟他在一起，就会感到莫名的安心；不管遇到什么事，只要听到他的声音，你就感觉好多了；只要来到他面前，你就能自然地放松下来，能真实地吐露自己的心声，因为你知道他不会嘲笑你，更不会批评你，无论你是好还是坏，在他那里，你都是你，都是值得爱的，都是很珍贵的。

他也许适合做你的爱人，也许只能做你的朋友，他还可能是某个前辈或者老师，当然他也可能是心理咨询师。但不管怎么样，对于你来说，他是安全的，当你和他一起时，是能让你感到舒适放松的。如果你能经常跟他在一起，建立了持久稳定的亲密关系，那么时间长了，将能够促进你大脑神经元的发育，明显提升你的内心安全感。

但别人给你的安全感是一时的，而大脑神经元的再发育带来的安全感却是永久的。

了解了安全感的基本知识，我们就可以来认识建立安全感的两个基本点：

①刻意寻找安全的他人关系。

②着意完善安全的自我关系。

这个很好理解。他人关系，就是别人和你的关系；自我关系，就是自己和自己的关系。

❀ 提升安全感的方法

如果把"提升内心安全感"当作一个工作项目，作为项目经理，在接下来的时间里，你有两大任务要去执行，一个是主动寻找能让你有安全感的人，并主动靠近他们，和他们建立持续稳定的关系；另一个是专心建设自己和自己的关系，停止、减少对自己的攻击和批判，直至你成为对自己来说比较安全的人。

第一个任务很好理解，你可能会困惑于第二个任务：难道有人和自己关系交恶，以至于让潜意识感到自己本身就是一个不安全的所在？还有这样的事？

是的，就是有这样的事。

我的工作中经常遇到这样的来访者。她们对自己的厌恶和攻击到了令人匪夷所思的地步。曾经有来访者对我说，她只要犯一点点错，就会在心里用非常难听的话咒骂自己，比如：你简直是个蠢猪，你恶心到天际了，你怎么还不去死？

她是自己的敌人，一个彻头彻尾、不折不扣、冷酷无情的敌人。

她诅咒自己，她嫌恶自己，她让自己过度健身，她在高速公路上超速行驶，她塞给自己过量的食物然后再暴力催吐……

她的身体经常都紧缩着，她浑身的肌肉都是僵硬酸疼的，头皮紧绷得像戴了过小的发套，她不得不每周去找按摩师帮忙，否则根本就无法入睡。

这其实是身体面对令人恐惧的侵害者时的自然反应。

要从这种自虐的状态中解脱出来，她必须努力成为对自己友善的人，让潜意识对自己感到安全，只有这样，她的内心安全感才能得到实质性的提升。那意味着她必须停止那些危害身体安全的行为，经常监控自己的思想和内心动态，只要头脑里升起自我攻击的话语，就转移注意力，去运动、去工作、去唱歌。她还需要停止用暴食抵御某些不适的情绪，而改用其他不会让身体感觉不舒服的方式。

你是身体的主人，是身体的拥有者和保护者，只有当身体感受到你的善意，它才会信任你，能够放松，能够拥有安全感。

身体的安全感是心理安全感的基本前提。

❀ 找到安全的人

首先你得去找，这个"找"的动作很重要。只有当你主动去找了，你才有找到的可能。当你下定决心要去找到他时，就会让自己经常观察来到你面前的人，然后暗暗地询问自己的感觉：

我对他感觉怎么样？

他是让我感到温暖、安全的人吗？

我喜欢他吗？

慢慢地你终究会遇到这样的人：他尊重你、欣赏你，真心真意地为你的福祉着想，你们的关系让你感到稳定、踏实、温暖，他是能给你带来安全感的重要的外部资源。你会让自己试着接近他，多一些和他见面、和他聊天、和他吃饭、和他一起参加活动的机会，认识他的朋友，介绍他给你的朋友认识……时间长了，你们的生活交集越来越多，彼此之间越来越了解，感情也会逐渐深厚起来。

此时你可能会遇到一个困难：你担心自己不够好，因而不敢接近他，也害怕和他见面多了，他了解了"真正的你"，就会不喜欢你，疏远你。

所以第二个基本点就显得尤为重要：

成为对自己来说比较安全的人。

当你不再攻击自己，不再威胁自我的感觉，就不会再有类似的担心和害怕。关于这部分的方法，我曾经在心理自助书《成长，长成自己》里用十几万字详细介绍过，建议你去买来读一读。曾经有很多读者写信说，那本书在改善自我关系上切切实实地帮到了她们。

如果你实在不知道怎么做，或者无法在生活环境里找到安全的人，也可以考虑找心理咨询师，通过持续、稳定、安全的咨询关系，也能达到让大脑神经元再次发育的效果。

接下来是提升心理安全感的三个关键点。

一是减少不确定的事情和不确定的感觉，让生活有一个大体上的日程和框架；

二是至少找到一个能让你感受到乐趣，因此能持续享受的运动项目，强壮身体的同时，也让你的身体和自我感到活力；

三是想尽一切办法让你的内心保持平静，但是请注意，是"平静"而非"压抑"，更不是"无感"。

现在我就展开来说一说，这三个关键点如何具体实施。

假设你此刻正身处婚姻中，但是你和伴侣的关系非常隔离，你们已经分居超过五年，两个人也很少有真正的交流。你无法预测接下来你们的关系走向，你的想法是走一步看一步。你觉得你们可能离婚，也可能一直这样下去，如果没有奇迹发生，彻底和好的可能性非常微弱。可想而知，处于这样的生活状态下，你的内心很难有安全感，也难以得到真正的平静。因为你的生活里有一个非常大的不确定性，以至于你无法规划未来两年的生活。

要提升内心的安全感，你需要主动面对你的婚姻，结束这种模棱两可、模糊不清的关系状态，能好就好，不能好干脆考虑离婚。

假设你的生活基本面还过得去，那么只需要对你的生活进行一些整理即可，我建议你为自己做如下工作：

①固定时间做固定的事。找一张纸罗列一下日程，看看你每个星期，从星期一到星期天，你都在做什么。你也许会发现，有些事情是每天必须要做的，有些事情是每隔几天才要做，还有些事情是偶然地、机动地发生。

请把每天必须要做的事，放在同样的时间来完成。比如，每天早上九点是翻看会议纪要的时间，每天下午三点是给客户打电话的时间，每周一下午是参加孩子家长会的时间，每周五下午是公司的例会时间。

当你能够这样做时，你会找到一种"生活在掌握中"的感觉，会让你有一种踏实、安定的感觉。

②尽可能自己掌握时间和做事情的节奏。人的不安全感，有相当一部分都来源于"没得选"。如果你觉得自己只能被动接受，必须配合所有人，就会让你产生各种坏情绪，也会影响心理的安全感和你的自尊感。

所以不妨给生活里的事情分分类：

哪些情况是没得选的，你必须、只能、无条件地跟着别人的要求走，比如你的老板、大客户、全公司会议等；哪些情况是可以有弹性的，有商量余地的，比如你的同事、小客户、部门会议等；哪些情况则完全由你说了算，可以跟着你的节奏走，比如你的下属、供应商、小组会议等。

这样你就会知道，有些事你确实没得选，可是有些事却可以有很大的选择空间。尽可能掌握事情进展的节奏，尽可能调配各种时间的安排，尽可能让别人跟着你的时间和习惯节奏走，可以显著提升你的心理安全感。

要做到这样，就需要你让自己慢下来，当一些事情来临时，不要立刻做反应，而是先把这个事情在心里搁置几秒钟，对它进行界定和区分，然后再决定用什么态度、原则、方式去处理。

找到让身体和自我感到有活力的运动项目

我的一位女来访者，身材非常娇小，体形也偏瘦。我对她印象很深刻，因为她小病不断，几乎每个月都要感冒一次，偶尔还要崴一次脚。有一天她告诉我，她刚刚买了一辆大号路虎车，而她的丈夫本来看中的是奥迪车，两个人因此大吵一架，因为丈夫觉得她不够尊重他。我问她为什么不告诉丈夫，她喜欢大个头儿的车，因为那让她更有安全感，有被保护的感觉。

她垂下头，幽幽地说：在你说之前我都没有意识到，原来我是这样的想法。你说的没错，我喜欢路虎车，确实是因为那可以让我有安全感。我从小就身体不太好，让我挺自卑的，总是害怕别人欺负我，所以也不敢跟别人走近。因为我太没有安全感了，很多时候我都宁愿待在家里。

后来，这位女来访者开始去游泳，她规定自己每周游泳 2 ~ 3 次，就这样两年过去，她从最初的只能游 10 分钟，到后来可以连续游泳 1 个多小时。她在游泳馆认识了两个很有趣的朋友，偶尔会约了一起喝下午茶，交流游泳的乐趣和心得，也相互聊聊生活琐事。我亲眼看着游泳如何改变她，她的胳膊慢慢显得有肌肉，臀部不再像以前那样干瘪，穿着铅笔裤时显得更有女人味儿了。她也意识到了自己身体的变化，心里多了一些安全感，在单位开会时能够主动发言，领导也开始关注她了。

就像我在前面章节说过的，身体的强壮程度和心理安全感呈正相关。所以你不妨也试试看，找出 1 ~ 2 个让你感觉很喜欢的运动项目，然后一边享受它，一边让自己的身体更健康。

✿ 想尽一切办法让内心保持平静

科学家曾经做过声音和静默对大脑影响的研究。他们惊讶地发现，当小白鼠每天暴露在两小时完全安静的环境中时，它们的海马体中就产生了新的脑细胞。而海马体是大脑中和记忆有关的区域，也负责情感表达和学习新事物。

虽然新脑细胞的产生，并不意味着一定对健康有益，但是在这个实验中，研究人员发现，这些新的脑细胞似乎会成为功能性的神经元。也就是说，安静的环境和平静的情绪有助于新生成的脑细胞分化为神经元，并且整合到大脑的神经系统之中。

简单来说就是：

平静的内心可以促进大脑的继续发育。

你可以把身体想象成一个瓶子，瓶子里装满了水和其他物质，如果这个瓶子一直在来回震荡，会导致水始终处于浑浊状态，看不清环境的具体情况，就会让人感到莫名的不安全感，陷入弥漫性的焦虑和恐惧里。

所以，你需要想办法让你的瓶子相对平稳，让内环境处于平静的状态，这会大大提升对自我和生活的驾驭感，得到更多心理的安全感。

既然平静有这么大的好处，那就很值得我们为之付出努力。在我继续谈论获得内心平静的具体方法之前，很有必要先说几句关于平静的误区：

千万不要把平静和压抑、无感混为一谈。

平静不是压抑自己的真实感觉，不发作、不生气、不悲伤，平静也不是没有任何感觉——没有快乐也没有不快乐。那些只不过是假象。明明有情绪起伏，却假装一切都很正常，无疑是一种自我蒙蔽，对心理健康是很不利的。

对待情绪比较积极的态度是：

高兴了，就高兴；

伤心了，就伤心；

愤怒了，就愤怒；

怨恨了，就怨恨；

让那个情绪如它所是，自然流淌。

你会发现，随着时间一分一秒过去，情绪自然会慢慢消散，起码是不再像先前那样强烈。当你慢慢熟悉了情绪的这个特性，就不会再试图压抑它，或者努力让自己感受不到它了。

以下是几个有助于内心回归平静的小方法：

①减少不必要的应酬和社交，把更多的时间留给自己，每天和自己独处一会儿。

②如果你是混乱型依恋的人，情绪经常都不太稳定，又容易在人际互动中受激惹，就尽量避免过于频繁的人际来往。这并不是逃避，而是对自己的保护。

③推荐你尝试冥想，又叫打坐、禅坐、内观，其实都是一回事。网

络上有很多冥想练习的音频，你可以找来自己喜欢的冥想音频，利用午休时间，或者每天晚上临睡觉之前，进行 10 ~ 15 分钟（慢慢可延长至30 ~ 60 分钟）的冥想练习。

④深呼吸。想象鼻子前面有一朵玫瑰花，你深吸一口它的香味儿，吸足气以后，停顿 2 秒钟（在心里默数 1、2），然后再把气流缓缓地从嘴巴里吐出来。如是重复几次，你就能感到全身放松，内心也平静多了。

⑤吃饭时专心吃饭，不要边吃边刷手机，做其他事时也是如此。专心致志地做一件事，沉浸其中，进入一种浑然忘我的状态，会有助于内心的平静。

最后，提升心理安全感的基本原则是：

多和自己在一起，和自己的身体、感觉和真实的情感在一起。

当你能越多地和自己在一起，就越能感受到宁静、沉稳的力量，心理上的安全感就越多。有了自己心理的安全感作为基础，那么别人给予你的爱和支持才能被你真正吸收。

第五章

找到自我的力量

1. 男人喜欢你自己的样子

阳阳是我的微博粉丝，她发来的求助邮件如下：

我刚参加了一个联谊活动，大家都是冲着相亲来的。主持人把所有人分成5个组，每个小组8男8女，先选一个组长出来，然后各个组出节目PK。

我们这个组刚开始时都闷闷的不说话，我就自告奋勇当起了组长，拉着大家做自我介绍，调动所有人的情绪，所以我们组的节目挺成功的。

可是联谊活动结束时，主持人说如果有互相感兴趣的，可以留下联系方式。竟然都没有人来找我，反而我们组一个全程很沉默的女孩都有人主动找她换微信，而且那个男孩还热情地说要请她吃饭。

我就想，是不是我表现得太活泼、太强势，让人觉得我爱出风头呢？是不是男人们更喜欢那些文静的、温柔的、不爱说话的女孩呢？或者，是不是我长得太高了呢？那天我特意没有穿高跟鞋，我身高有172cm，但是有些女孩穿了高跟鞋，也差不多快一米七了呀。

我觉得很困惑，男人到底喜欢什么样的女孩儿呢？

❀ 男人塑造了女人形象

阳阳的问题让我想到电视剧《渴望》的女主人公刘慧芳，出生于1980 年之前的人大都看过这个剧。我那时还很小，却记得有男人在报纸上打征婚广告，说他这辈子只喜欢刘慧芳式的女人，似乎大人们也对刘慧芳赞许有加。在 20 世纪 80 年代，中国社会公认的美女形象就是刘慧芳。

如果用 8 个字形容她，那就是：淳朴善良、勤劳贤惠；

如果用 4 个字形容她，那就是：无限付出；

如果用 2 个字形容她，那就是：好人。

如今朋友圈的各种推文里，比较流行的美女形象改变了：年龄很大了却依然漂亮身材好，事业成功，丈夫帅气，更重要的是，丈夫还很宠爱她。

如果用 7 个字形容她，那就是：家庭事业双丰收；

如果用 5 个字形容她，那就是：高龄漂亮瘦；

如果用 3 个字形容她，那就是：有人疼。

你有没有好奇过，只不过了三十多年而已，为什么美女的标准变化这么大呢？

那么我的回答是：这算什么呢？你大概还记得，我们的母亲年轻时，美女的标准是粗胳膊黑皮肤，粗声粗气的铁姑娘；我们的祖母年轻时，美女的标准是柳叶细眉，轻声细气的娇羞小清新。

尼采有一句著名的话，可以完美地解释这个变化的原因所在。他说：

男人塑造了女人形象，女人依据这个形象塑造自己。

这句话的意思是说，男人根据自己的需要幻想了一个完美的（能满足他们需求的）女人形象，女人听见并同意了男人们的幻想，于是努力把自己变成男人想象的样子。

在古代，男人对女人的基本要求是贞洁，于是女人们把贞洁看得比生命更重要；在古代，男人希望生育和他一样带"把儿"的孩子，于是女人们比男人还更执着于生儿子；在古代，男人限制女性的自由，不允许她们读书和工作，甚至要求她们变成"残疾"人（如裹脚致残），于是女人们都以"残疾"为骄傲，以"无才"为自豪；在古代，男人总是把自己的失败归罪于女人，于是女人们总觉得自己有错，总是内疚自责，为自己的存在羞耻不已。

而这一切都是因为，古代的女人必须依附男人才能活下来（不能独立思考也不能工作赚钱，她们的一切都依赖男性的给予），所以头等大事就是努力改造自己，以迎合男人的期待。

世界上还有什么事比生存更重要吗？

于是，随着一代又一代的繁衍和发展，这种"迎合"就成为一种心理和行为模式，深深地印刻在女人的基因序列里。以至于到了如今的现代社会，虽然女人可以受教育，可以工作，早就能够离开男人独立生存，却有时依然不由自主地关心：男人喜欢什么样的女人？她们的下意识信念是：只有知道了男人喜欢什么样的女人，我才知道我应该成为什么样的人，我才知道我应该如何说话和做事。

但是，我想大声地提醒你，这是一个过时的、落后的、错误的信念。这种迎合男人的心理惯性会把两性关系带往痛苦迷茫的壕沟里。

失衡的婚姻关系

许敏今年 32 岁，丈夫 42 岁，他们结婚已经 10 年了，但最近他们的婚姻面临很大的危机。

事情的起因是许敏想找一份工作，因为第二个孩子已经上幼儿园，她认为她已经完成了育儿的任务，到了可以发展自己的人生的时候。更重要的是她再也无法忍受丈夫常说她是吃白饭的，批评她一事无成，嫌弃她把家里弄得很乱。她想靠自己的努力挣一份尊严回来。

她的想法遭到了丈夫的激烈反对，理由是家里有两个孩子，还有一堆家务活儿，根本离不开人。见她态度很坚决，丈夫非常激愤地表示，自己辛苦工作就是为了让许敏和孩子能过好日子，没想到许敏竟如此不懂得珍惜，如果她坚持出去工作，他们就必须离婚。

但许敏觉得，丈夫根本就是想控制她，用孩子和家务把她拴在家里。所以才会让她生了一个又一个，还不肯请保姆，不让父母和公婆来帮忙带孩子，也不允许她参加任何自我提升的课程，连她想要做微商都

不行。过去她一直安心做全职主妇，因为她知道丈夫缺乏安全感，如果她出去工作了，会认识很多人，会有自己能支配的钱，这样丈夫就会焦虑，会想方设法盘查她（恋爱时他就这样），她很讨厌不被信任的感觉。她知道丈夫的想法，却从来没有戳破他，因为她是真心爱他，希望他快乐，不想让他为自己有任何烦恼。

虽然这十年她过得很辛苦，经常都感到很抑郁，没时间收拾自己，没心情逛街打扮，朋友也越来越少。可是一想到这是丈夫想要的生活，她又觉得自己的牺牲很有价值。让许敏没想到的是，丈夫非但没有感恩于她的付出，还觉得她的牺牲理所应当，甚至都不认为那是她的牺牲，还觉得是他努力赚钱维持了许敏的富太太生活呢。

丈夫一边嫌弃她吃白饭，一事无成，一边又阻止她外出工作，还不惜以离婚相威胁，这让许敏怀疑丈夫是否真心爱她。她觉得丈夫把她当作工具，一个生孩子和养孩子的工具，一个承受他的自卑感投射的工具。想到这些，许敏又悲伤又愤怒，她也想离婚算了，宁可带着两个孩子自己过，也不要和这样自私的男人在一起。一不做二不休，趁着丈夫出差，许敏带着两个孩子搬到了家里另一处房子里，并且无论谁劝说，都不肯再回到原来的家。

而这个时候，许敏的丈夫开始从暴怒中清醒过来，他变得焦虑无助，开始试探着找许敏沟通，现在他反而觉得许敏比以前有魅力了。

✿ 势均力敌才能幸福

许敏和丈夫之间的关系矛盾，表面看来是丈夫太缺乏安全感，太想控制许敏，很不讲道理。但内在根源上，其实是许敏潜意识里认为丈夫喜欢她听话乖巧，希望她温柔顺从，所以过去十年她都在努力迎合丈夫，压抑隐忍自己的需求和感受，直至忍无可忍最终爆发，而他们的关系却不足以承载她这么强烈的情绪。她的丈夫对此毫无心理准备，他被许敏的情绪能量打懵了，一时间有些难以相信，那个曾经被他驯服得很好的娇妻，怎么突然就变得这么愤怒，这么固执，这么强势呢？所以才会以离婚来威胁许敏。

许敏在这次冲突里表现出的坚持和力量，让丈夫不得不在痛苦之下进行反思。他开始挣扎着承认，自己以前只是单方面提出自己的需求，没有顾及许敏的感受和想法，更没有看见许敏真实的样子。直至事情走到这一步，他才意识到自己其实深爱许敏，深爱这个家，而过去他竟然不知道这一点。他甚至都没有意识到，他真正喜欢的正是许敏那股子倔劲儿，还有许敏身上的坚持、热情、活力，而过去的十年，他竟然一直否定和压制着许敏的这些特质，怪不得他越来越觉得许敏失去了吸引力，有时候甚至让他有厌烦感。

故事讲到这里，我想起一个朋友的话：

男人的大脑生来就不是为婚姻家庭而生的。所以在婚姻家庭的经营上，千万不能跟着男人的思路走，更不能让男人拿走主控权。

这个话虽然有些绝对，却有一定的科学道理在里面。

❀ 不懂自己的中国男人

相比较中国的女人，中国的男人较少享受爱和温暖，因为父母们普遍认为，忽略男孩的情感和心理需求可以让他们"像个男人"。但与此同时，父母们又在现实层面为男孩们倾斜更多家庭资源，对他们投注过于高的学业期待。这导致中国男人的心理健康程度远低于女性，出生于1990 年之前的男性尤其如此。

在这样的文化背景之下，我们不妨想象一下：男人们在长大成人、恋爱、结婚以后，会渴望一个什么样的伴侣呢？

也许他表面上想找一个听他话、依赖他的爱人，然后在看似弱小的妻子身上感受自己的强大感——那也是父母一直灌输给他的生活——男人要坚强，男人要有担当，男人要做一家之主。可是，这个很少被父母聆听和看见的人，这个被传统思想塑造和影响的人却根本就不知道（也很难面对），他潜意识深处真正渴望的却是一个能平等相待、互相扶持、彼此依赖的伴侣。只有这样的伴侣，才能让他的心找到归处，让他无须再假装强大，可以在某些时刻袒露脆弱，自然而真实地做自己。

可是，什么样的女人能让他找到"归处"的感觉呢？

答案是：他不知道。

原因有三：一是对他来说，最重要的事情是得到代表成功的那些东西，这让他大部分时间都沉浸在压力和焦虑里，无暇去思考这个问题；二是在成长过程中，他并没有学习过"了解自己"这门功课，所以不清楚自己真正想要的是什么；三是他对女人的理解大多来自文化传统的观念，哪怕他自己的恋爱和婚姻，也是在社会标准影响下建立起来的。

理解了男人们的心理困境，你就会明白，继续迎合男人们对女人的形象期待，可能会让你的两性关系在度过最初的蜜月期之后，逐渐陷入焦灼状态：他时常感到莫名的压力和不满，就像他在父母那里感受到的一样，你也会觉得委屈和愤怒，因为你觉得自己已经付出了很多，他却对家庭生活不那么投入。

所以，你一定要明白：

男人喜欢你自己的样子。让来到你生命里的男人认识你的美，教他如何欣赏你，教他用你喜欢的方式来爱你。

停止去揣摩男人的想法和需求。因为，有时候他们自己也不知道自己想要什么；也因为，他们的想法和需求其实经常都在变；更因为，这个世界就是经常在变的。

❀ 告诉男人你是谁

很久以前，当我在讲座上表达了这个观点以后，有个女孩站起来问我这样一个问题："可是我现在还没有男朋友，我希望有更多潜在对象让我来挑选，万一我自己的样子并不是大部分男人喜欢的样子，该怎么办呢？”

我当时就给她点赞，说这是一个很棒的问题。因为这可能是很多未婚女性都很关心的问题。

这需要我们回到一个更本质的问题上。

世间的女人千千万万个，那个会喜欢你的男人，会为了什么而喜欢你呢？

他是因为你和别的女人差不多，都是那么文静，那么温柔，那么衬托他的身材高大而喜欢你，还是因为你看起来很特别，有自己的思想、自己的特质、自己的喜好而喜欢你呢？如果那个男人喜欢你，是因为你看起来和别的女人差不多。那么他喜欢的是你这个人本身，还是你扮演的那个"好"女人形象呢？

他喜欢你，是因为爱你、欣赏你，想要帮助你成为自己喜欢的样子，还是另一种情形：他喜欢你，是因为你能衬托他的男子气概，能为他提供温柔的照顾，能为他洗衣做饭生孩子？或许你会同意，前一种男人已经准备好了深入了解你，也决定投入地爱护你。而后者则更多拿某种标准衡量你、要求你、评价你，却没怎么考虑你的感受和需要。很明显，后者很难为你带来平等、尊重、亲密的婚姻关系。

在爱情的世界里有一个真理：

当你喜欢自己，能够和自己谈恋爱，就一定会有男人喜欢你。只有因为你是你而喜欢你的男人，才能带给你足够的安全感，你们缔结的爱情才能真正滋养彼此。

最后，我认为很多女性在择偶的问题上都没有弄清楚主次。

在准备进入恋爱时，你最应该关注的是你喜欢谁，你喜欢的人是否也喜欢你、欣赏你，以及如何赢得你喜欢的人的心，而不是过于在意到底有多少人喜欢你。前者能让你认识自己，有机会得到真正的幸福，而后者充其量就是得到自恋的满足罢了。

从这个角度来说，即便你本来的样子不是大部分男人喜欢的类型，也还有少部分男人喜欢你，也许你喜欢的人恰好就在这少部分男人里。世间的男人千千万万，你喜欢的男人很可能只有一个，你只要赢得这个男人的爱就足够了，至于其他那些喜欢你或不喜欢你的男人，又关你什么事呢？

2. 从女性的角度看世界

在我很小的时候，常逗我玩的邻居奶奶分别叫"老白奶奶""石滚奶奶""大柱奶奶"。她们都是我奶奶的好朋友，而她们的名字都和自己的丈夫有关，只有我的奶奶叫"代聘"。有一天我很奇怪地问奶奶，为什么她没有随着爷爷的名字叫"天岭奶奶"。奶奶不好意思地笑，而后扭捏着回答说：我本来也应该叫"天岭奶奶"，但是你爷爷让我用自己的名字。

奶奶的神态让我对那次对话印象深刻。

及至长大之后我才明白，我的奶奶生于1927年，她那个年代的女性大多只有乳名而没有小字，乳名只能被家人和亲密之人提及，字则是嫁入夫家之后由丈夫来取。然而大部分女性终生都没有字，乳名则在嫁入夫家之后成为秘密。而这个秘密的心理寓意像是在说：跟女人有关的一切都令人羞耻。

这个寓意在全世界都是一样的。法国女作家波伏娃在《第二性》的第一页写道：

"在男人嘴里，形容词'雌的'像侮辱一样震响。然而他对自己的动物性并不感到羞耻。相反，如果有人谈到他时说'这是雄性'，他会很骄傲。'雌的'一词是贬义的。"

当我第一次看到这段话时，立刻想到"妇女"这个词。按道理来说，"三八"妇女节是国家给女性的福利，然而女人们却很不喜欢"妇女"这个称呼。因为"妇女"这个词总让人觉得是和家务劳作连在一起的，而在我们的文化里，如果一个女人的生活内容只有家务劳作，是会被轻视，被认为缺乏吸引力的。所以最近这些年，当商家在"三八"节那天做营销活动，都自动说是"女生节"或"女神节"活动。

某种程度上来说，这也算是社会的进步了。因为这标志着社会听到了女人的声音，并且尊重那个声音，允许女人定义自己。

正是因为女人开始为自己发出声音，开始争取定义自己的权力，一些在以往看来是司空见惯的事就有了被讨论的空间。

身体的话语权

2015 年冬天，有一位妈妈抱着婴儿搭乘地铁时给孩子哺乳，被人拍照上传到网上，说她不该在地铁上裸露性器官。这个新闻引发了很大的关注，不同职业、不同年龄、不同性别的人都对这件事发表了看法。有人认为"人都是吃母乳长大的，孩子饿了就该哺乳"，有人认为"就算孩子饿了也该忍一下，当众哺乳很不雅观"。正在哺乳期的女性则认为，这位妈妈不该在没有使用哺乳盖巾的情况下来哺乳。

表面看来，人们是在争论女人能不能当众哺乳，但实质上争论的是：

女人的乳房到底是哺乳器官，还是性器官？

站在男人的角度，这两团长在女人身上的肉团团是性器官，因为男人的乳房不会变大，所以女人的大乳房就显得神秘，会引发性兴奋；但如果站在女人的角度，这两团长在自己身上的肉团团，确实就是哺乳器官。毕竟，不会有人觉得自己的身体很神秘，更不会对自己的身体产生性幻想。

那么问题就来了：

女人的身体是什么属性，到底应该由谁说了算呢？

就目前的文化现状来说，似乎是由男人说了算的。比如人们对月经的态度。普罗大众都有一种共识，月经是非常肮脏令人羞耻的东西。如果你正在操场活动，突然发现月经来了，并且白裙子上印上一朵红色的小花，你会为此感到无地自容，似乎你干了一件特别糟糕的事情，因而被所有人围观和嘲笑。

但事实上，这个每月来一次的好朋友是女人身体的一部分。因为月经，女人有了生育的能力，有机会体验身为母亲的感觉；因为月经，女人有了性的能力，有机会体验身为女人的美好；因为月经，让女人知道自己是谁，能检视身体的健康度，找到自己在这个世界上的位置和属性。

月经这么好，这么重要，按常理来说，女人即便不歌颂它，起码也不至于排斥它才对。然而在现实中，相当一部分女人都不喜欢月经，甚至诅咒月经的存在。人们给它取了很多隐晦的名字来代指它，比如大姨妈、例假、坏事儿、倒霉了、来身上了，我还听到有女孩子说"烦人的来了"或"我来那个了"。这些隐晦的名字大约有两层意思，一层是如果直接说我来月经了，是一件不太好意思的事儿；另一层则表达了女人们对月经的情感：尴尬的、厌恶的、排斥的。

为什么会这样？

恐怕只有一个可能——曾经在很长的历史时期里，男人都认为女人的月经是不好的，为月经赋予了罪恶和肮脏的属性，然后惩罚正在来月经的女人（把她们关起来或侮辱她们）。而我们的女性祖先被剥夺了独立生存的能力，她们只能认同男人们的观点。这就像一百多年前，男人们普遍认为只有小脚女人才漂亮，才有吸引力，女性祖先必须依附男人才能生存，所以也只能认同他们的"审美"。为了帮助自己承受裹脚的痛苦，她们把"小脚最美"变成自己的观点，然后行动起来，想尽一切办法把脚变小，哪怕为此付出终生残疾的代价。

无论是过去歌颂小脚，还是现在对月经的复杂情感，都是一种心理上的惯性，是我们集体潜意识的一部分。

仅仅是在七八十年前，大部分女性都保留没有受教育的权利，她们不被允许外出工作，也不允许拥有自己的意志和思想，所有人都告诉她"女子无才便是德"，她必须"在家从父，出嫁从夫，老来从子"。她们要因为自己的闺名被别人提起而感到羞耻，因为被男人看见自己洗澡而自杀，甚至因为自己的脚不够畸形而羞愧。

被这样的文化环境和社会氛围影响数千年，女人们从小养成从男人的视角看世界的习惯也就不足为奇了。那么我们就能理解，为何女人们认为月经是羞耻的脏东西，而不是令人自豪的生命之花，因为——

男人认为月经不好，然后女人就同意了。

❀ 被塑造的女人

除了对月经的态度，女人们还全方位地同意了男性几乎所有观点，并把那些观点当作自己的行为准则。

比如——

男人认为，只有鹅蛋脸和瓜子脸的女人才能算是漂亮，女人的乳房要够大，皮肤要够白，身材要够瘦。

而女人们大多也深信不疑，甚至奉为真理——这是眼下普遍存在的现象，却并不是正常现象。

我们的社会发展到今天，早已不是七八十年前的样子。女性和男性一样享受平等的读书机会，拥有自主决定恋爱和婚姻的权力，更重要的是，女性可以赚钱养活自己，在家政、美妆、服务等行业拥有比男性更多的就业机会。可是，在精神和思想的层面，女性却还没有来得及形成自己的认知体系，而只是自动化地接收男人的看法，并下意识地把这些看法当作是自己的。

这是目前很多婚姻关系遭遇挑战的核心原因。

当你隐藏自己的能力和价值，假扮没有攻击性的小白兔，撒娇卖萌，依赖迎合，确实能取悦缺乏内在自信的男人，然而他喜欢的却不是你这个人本身，而是他自己的强大和力量。他不过是通过你满足自己的心理需要，却没有把你当作一个完整的人来看待。所以他可能会喜欢你，却很难尊重和欣赏你，更难以看到你的内在价值。

这样的情感关系基础并不牢固，也难以建立真正亲密又富于滋养的关系。男人会感到孤独——他被定位为一个负责保护和提供依赖的角色，这让他难以袒露脆弱，无法在必要时得到伴侣的情感支持；女人会感到焦虑——你被定位成一个负责取悦和提供服务的角色，这让你难以有安全感和掌控感，不能得到伴侣的信任和尊重，以至无法去引领关系的发展。

❀ 觉醒吧，女人们

改变这个局面的关键步骤是女人的觉醒。你需要发展从女性视角看世界的能力，然后慢慢养成独立思考的习惯。

当你看到新闻里在谈论男人和女人的问题时，试着停下来自问：

社会的观点代表了男人的观点，如果从一个女人的视角出发，我怎么看待这个问题？

然后努力去搜索你的答案。

当你被指责某个做法不像个女人，或者被要求应该像个女人时，要勇敢地回答对方说：

谁规定了女人就必须怎样呢？女人有很多种，我这样的算是其中一种。

当你为了月经而烦躁，为了乳房太大或太小而苦恼时，就对自己说：

这就是我的身体。它是我非常重要的一部分，我接纳我的身体，我爱我的身体，正是我的身体在告诉我，我是女人。

当你感受到自己有性的欲望并因此感到羞耻时，就对自己说：

我只是受到了集体潜意识的心理惯性的影响，从现在开始，我要拥有我自己的感觉，一种从女人角度出发的感觉，性是美好的，我有权力体验属于自己的性。

❀ 从女人的角度看世界

亲爱的读者，试试看从现在开始，养成从女人的视角看世界的习惯。

当然，我理解刚开始时你会遇到一些困难，这毕竟不是你熟悉的视角，全新看待世界的方式，也需要一个学习和适应的过程。

但更大的挑战是，目前我们正在使用的文化和制度都是男人创造的，而男人在创造它们时，是基于男人的视角、思维和需要——女人是男人眼里的女人，男人是男人眼里的男人，婚姻是男人眼里的婚姻，这世间万物的名称、定义、解释很多都是从男人的视角出发的，就连此刻我们正在使用的文字和语言，都是男人创造的。

　　在男人创造和定义的社会里，使用男人发明的语言和文字，去找寻女人的主体位置，想要拥有女人的精神和思想，发出属于女人的声音，确实很困难。在刚开始践行之时，你必然会感到困惑、茫然和焦虑，因为你可以参考和依据的经验非常少，甚至没有。

　　然而这件事却非常值得去做。因为养成从女人的视角看世界的习惯，看到女人眼里的女人，女人眼里的男人，女人眼里的婚姻，女人眼里的道德和规则，以及女人眼里的世间万物，你将发现世界因此宽广很多，你的内心也将因此变得自由和充满活力。

　　这一份内在的力量，将体现在你的眼睛里，你的血液里，最终体现在你的气质和相貌里。

3. 向世界发出女性的声音

　　苗苗今年 31 岁，在一个三线城市的大型国企担任中层管理人员。在苗苗生活的地方，像她这么年轻的女性，凭着自己的能力做到这个岗位并没有那么容易，所以她很为自己的成就而自豪。让苗苗感觉痛苦的并不是她的工作，而是她的感情关系。苗苗曾经有一段短暂的婚史，之后就一直单身。直至遇见现在的男友王召。王召 29 岁，大学毕业后留在北京一家私企工作，2018 年夏天，他考虑到父母年纪越来越大，需要照顾，于是决定回家乡找工作。两个人在一个饭局上认识，交谈之后觉得各方面都非常契合，于是确定了恋爱关系。

　　经过半年多的交往，他们都认定了对方就是自己想要的人生伴侣，开始商量结婚的事。他们决定第一步先见过双方的父母。可是，当苗苗来到王召的家里时，接下来发生的事让他们始料未及。

　　王召的父亲认出苗苗是他战友的前儿媳，当场撂下一句话："我们家不要二手女人"，就不客气地拂袖而去。苗苗当场愣了，眼泪哗啦哗啦地流，一时间却又不知道说什么好。她确实没有跟男友提起过这件事，一方面是害怕男友不接受，另一方面她是觉得，也许等两个人感情更加深厚时再提起，或者等结婚以后再说，生米已成熟饭，男友自然就不会太在意了。

王召并没有立刻和苗苗分手，因为他真的很爱苗苗。然而他也不再积极推进结婚的事，每当苗苗问他的想法，他都会做出一副痛苦的表情，无奈地说："我很爱你，但我真的没办法。"苗苗明白他的意思，他的言外之意是：我承认我爱你，但是如果跟你结婚，我又做不到。

苗苗感觉自己像是被困住了。她舍不得就此离开，因为好不容易遇到一个思想和精神如此契合的男人，31岁的她，也实在很想结婚了。但如果不分手，勉强留在这段关系里，男朋友模糊的态度又让她很没有安全感。

亲爱的读者，在上一节中，我邀请你尝试从女性的角度看世界，那么此刻如果你是苗苗，你可以怎么做呢？

❀ 物品会变旧，人却永远新鲜

首先苗苗需要理解男友的感受。他也许觉得自己没有被信任（苗苗的隐瞒似乎在说，她认为王召思想很狭隘），也没有被尊重（离婚如此重大的信息，需要在交往伊始就告知对方），这可能会让他感到愤怒，却碍于性格的原因，无法真正表达。

接下来，苗苗需要去除传统思想带给她的心灵枷锁。她需要认识到，正是因为她自己被传统思想困住了，才会羞于向男友提及自己的婚史。

"二手女人"这样的概念，充满了对女人的贬低和歧视，乃至带有羞辱的成分。这个概念的前提假设是把女人和物品相提并论，就像女人嫁给

男人并不是作为一个人那样被爱、被尊重，而是作为一个工具那样被使用，所以一个女人如果嫁过人，就像是她已经被使用过了，所以变旧了。

但人不是物品。只有物品才会因为被使用而变旧，因为物品是固态的，无法自我更新的。然而作为一个生命体，人永远不会变旧，因为人在不断地新陈代谢，不断地自我更新，人永远都是崭新的。

每个人的每个时刻都是崭新的。无论那个人是男人还是女人，都一样。

和"二手女人"相似的社会现象是发生在女人身上的性侵害。当一个女人被强奸，受到了身体的侵害时，人们不去谴责那个伤害她的人，却来围观这个受害者，还认为是她犯了错误。人们会侮辱她，嘲笑她，惩罚她，甚至驱逐她。如果是古代，这个被强奸的女人要么羞愤而死，要么就被她的族人杀死。甚至在早些年，新闻里还在报道，女孩子被犯罪团伙强迫卖淫，她为了保护所谓的贞洁，从楼上跳下去，导致下半身永久失去功能。在记者的报道里，女孩子的家人非常自豪地认为，只有当她这样选择才是好女孩儿，否则就会屈辱地走完她的人生。

之所以会有这样不可思议的现象，是因为在古代，女人从不被认为是一个人，哪怕她懂得吟诗作画，能够下厨刺绣，在男人们的心目中，她的全部价值也就是那一副身体，这副身体可以生儿育女，可以共赴鱼水，仅此而已。男人们不关注女人的精神价值、思想价值和情绪价值，非但不关注，还要对女人的这些部分充满蔑视等。

在古代男人的思维体系里，女人，就只是一副身体，一旦这副身体和另外的男人产生了联系，就导致这个女人失去了全部价值。

❀ 让世界听见女性的声音

如果是站在男人的角度来看世界，女人和别的男人建立了联系，对于这个男人来说就等于失去了全部价值。那么如果是站在女人自己的角度看世界呢？她能够和两个以上男人建立联系，是不是恰好说明了她的个人魅力，恰好意味着她建立关系的能力呢？换句话说，作为一个曾经有过婚姻的女人，苗苗确实比没有结过婚的女孩儿更懂婚姻，更懂男人，如果她曾经对过去的婚姻关系做过总结和梳理，她还会更懂得如何经营亲密关系。而王召之所以那么爱她，虽然介意她的婚史却无法离开她，根本原因也正在这里。

写到这里，我想象如果苗苗就在我身边，她很可能会说："我确实应该从女人的角度来看这个世界。但是，很多人都认为女人离过婚就是二手女人，我就算跟他们有不同的看法，就算我有自己的看法，也不能改变他们。那又有什么用呢？这并不能改变我和王召的关系走向呀。"

那么我会这样回答她：

当你能从女性的角度看世界时，你就能让世界听见来自女性的声音。星星之火可以燎原，慢慢地这个世界的价值观就会越来越多元。

当你能坚定地相信自己的想法时，如果遇到有人贬低你的女性特质的情形，你就能理直气壮地反击他，而不是默默地躲到一边去伤心和自怨自艾。这一方面会有助于你的心理健康，另一方面也能引发别人的思考，引领你的人际关系朝向良性发展。比如，当苗苗发自内心地觉得，离婚的经历非但不会贬低她的个人价值，还反而给她的个人魅力增值，当苗苗认为王召不该受到陈腐思想的影响，导致他不能看到苗苗的整体存在时，她就能自信而有力量地对王召说："我不允许你这样看待我。你这么年轻，怎么也会有像你父亲那样的陈腐思想呢？你不觉得你这样想很奇怪吗？对于你的人生来说，得到一个心灵和思想很契合的爱人，竟然比得到一个没有结过婚的女人的身体还重要吗？"

王召在听完这样的话之后，有可能会反思自己的思想，意识到自己在集体潜意识的心理惯性的影响下伤害了自己的爱人，也导致他即将和一个那么可爱的女人侧肩而过。但他的反应也有可能是继续坚持自己的想法，那么这样一个男人，其实也配不上苗苗。即便他们勉强走到了一起，也难以创造真正平等、尊重、亲密的两性关系。一段关系在刚开始的时候就预示着极高的不幸福的可能性，那又何必勉强呢？

最后，苗苗还需要提升自我价值感。

面对男友模糊不清的态度，苗苗之所以那么无力，本质上是她被关系断裂的恐惧蒙蔽了双眼。她有一种"过了这个村，就没了那个店"的思想，仿佛世界那么大，适合她的男人却只有这一个。如果你也有和苗苗类似的想法，请务必小心，因为你正在无意识中暗示伴侣：如果没有了你，我的世界就崩塌了。

一旦你给了伴侣这样的暗示，对方就很难再珍惜你。因为他可能会有一种"既然我对你这么重要，那么无论我怎么对待你，你都不会离开我，那我就没有必要再对你那么好了"的感觉。

4. 真实比优秀更利于幸福

丹瑞今年 36 岁，是一家外企的高级技术管理人员。

她的工作风格可以用"任劳任怨"来形容，同事们私下里都说她是老黄牛。可见丹瑞是一个超级负责任的好员工，只要把工作交到她手里，不管加班到多晚，多么高的难度，她都会想尽一切办法去完成。丹瑞也是凭着这一点，赢得了领导的信任。在没有很好的学历背景、缺乏人脉关系的情况下，一步一步走到今天的位置。

然而丹瑞一点都不快乐，或者准确来说，工作带给她的痛苦远大于快乐——她并不想承担那么多，尤其是有些工作根本就超出了她的能力范围。这让她长期处于焦虑和紧张里，头发日渐减少，睡眠质量越来越差，丈夫还经常抱怨她天天泡在公司里。

我至今记得第一次见到丹瑞的情境。

她刚在咨询室的沙发里坐下，还没有来得及说话，眼泪就哗啦哗啦往下掉。过了好一会儿，丹瑞才止住眼泪说："不知道为什么，看到你就忍不住想哭，我莫名地觉得自己很委屈。"

在某次咨询中，我问丹瑞："为什么不能告诉领导和同事，你现在正承受的压力呢？"丹瑞不假思索地回答道："那怎么能行呢？那样他们就知道我其实没那么优秀。"

说完这句话，丹瑞愣住了，我们一起相对着沉默了许久，她才幽幽地说："我好像不只是在工作中想让别人觉得我有能力，很优秀，在家里也总想让我老公和孩子觉得我很厉害、很强大，像个超人，所以我从来不跟他们说我的辛苦，也很少对他们提要求……怪不得我经常感觉很委屈，其实我也有很多需要，我也很想让别人为我做一些事，就像我为他们做的那样。"

❀ 优秀不应该是一个任务

丹瑞想成为大家眼中优秀的人，这是人所共有的愿望，是无可厚非的。然而她这个愿望的出发点，却不是活成自己想要的美好模样，也不是过上幸福快乐的生活，而是拐了个弯儿——成为对他人不可缺少的人。

她潜意识里有两个声音，一个在说，只有当我足够优秀，能持续给别人带去价值，才能得到爱，被别人好好对待；另一个在说，我必须努力表现优秀，否则就可能被嘲讽、羞辱、贬低，让我感到被伤害。

对于丹瑞来说，"优秀"不再是一种个人选择，而是变成一项任务，甚至是连接关系的通道，是保护自己免受伤害的方式。

丹瑞并不是一个孤立的个案。

在我的工作中，经常会遇到像丹瑞这样的来访者。她们受过良好的教育，有着很好的工作和收入，却自我评价为"不自信的人"。因为她们无法在他人面前表露真实的自我。每当心里涌起负性的情绪体验，比如委屈、害怕、无助等，一些猛烈的自我抨击就会蹦出来：

我是个没用的可怜虫，我如此幼稚可笑，我连这点小事都不懂。

这种无意识的自我贬低模式让她们尽力避免体验负性的情绪感觉，也避免流露脆弱的情感，因为她们害怕，如果别人看见她们的脆弱，就会像她们抨击自己那样来抨击她们。这当然也会影响她们的亲密关系，就像丹瑞所说的，她从未告诉丈夫自己的真实感觉，也很少去向丈夫求助。

丹瑞们并不是无缘无故就这样对待自己，这种心理模式的形成大多是如下三个原因：

第一，丹瑞有一对严苛的父母，而她惯性地用父母对待自己的方式来对待自己。

父母对丹瑞要求非常高，希望丹瑞各方面的表现都优异，如果她没有做到时，父母就会冷言冷语地讽刺她，说她是个没用的人。当丹瑞委屈地哭泣时，父母非但不去安慰她，还会不耐烦地说"有什么好哭的，自己考不好还有脸哭"。

天长日久，丹瑞不由自主地把脆弱和贬低联系在一起，只要她体验到脆弱，那些贬低的声音就自动出现。她还学会了收回对父母的情感需要，也学会了表现优秀可以避免伤害这个"真理"。

第二，父母过度赞美丹瑞，从不正视她的现实困难，这让丹瑞误以为优秀是正常的，脆弱则是一种异常。

父母经常夸大丹瑞的能力，只要丹瑞稍微动一下，就能得到父母大大的赞美。这使得丹瑞所到之处，都会闪闪发光一般。父母的出发点是帮丹瑞建立自信，可是却让丹瑞感到只能表现优秀，不可以把脆弱亮出来，否则就不再符合父母眼里的自我形象。这让丹瑞遇到困难时不敢去向父母求助，否则就会恐惧自己将失去父母的爱和赞美。

第三，丹瑞在成长过程中，无意当中学会了用"自我归因"的方式解决内在里的无力和失控感。

人总是喜欢看到自己的能力，看到自己正在掌控局面，这样可以让人体验到自信和力量，找到对未来的确信感和希望感。然而有时个人就是很渺小无力，比如面临一段即将结束的关系，对方坚定地想要离开你，而你对此无能为力，换言之，你失去了对这段关系的掌控能力。

此时不同的人就会用不同的方式来应对。有些人采取的方式是把问题全部归因到自己身上，她们会觉得：

"都是我不好，所以事情才……""如果我之前做了某事，那么就不至于……"

通过这样的归因，她们就变相地重新掌控了局面，因为她们有了一种：

"如果我能……那么事情就能……"的感觉。

在丹瑞这里，她把这个信念变形为：

"如果我很优秀，那么别人就会来爱我。"

这句话还可以翻译为：

"别人不够爱我，是因为我还不够优秀，只要我努力变得更优秀，就能解决这个问题。"

❀ 优秀不等于幸福感

虽然大家都认可丹瑞，认为她很优秀，可是丹瑞却一点也不快乐。因为她的自我不够完整，她之所以努力追求优秀，实质上为了掩盖不优秀的自我部分。

作为心理咨询师，当我在听来访者们讲述自己的故事时，总是留意那些相反的信息。一个声称自己很快乐的人，心里必然也藏着不快乐的部分；一个认为自己很强大的人，心里一定也有懦弱无力的部分；一个认为自己无能失败的人，肯定也有卓越成功的部分。

这是真理一般的存在。只是在丹瑞们的潜意识里，会觉得人只能保留一部分的自我——把积极的部分留下，消极的部分就只能藏起来。正如前文所言，这样的认知会影响丹瑞们的幸福感，影响她们的亲密关系。

丹瑞们很有必要思考如下问题：

父母确实希望你优秀，希望你卓有成就，希望你成为她们期望中的孩子。但是当你做不到，而只能成为一个平庸的普通人时，他们就不再愿意做你的父母了吗？他们会拒绝承认你是他们的孩子吗？他们会因此和你断绝关系吗？

我猜你的答案会是：

不会的，他们还会愿意继续做我的父母，愿意承认我是他们的孩子，也不会断绝和我的关系。但是他们会对我失望，会感到难过，而他们的失望和难过是我难以承受的。

那么接下来你需要回答的问题就是：

别人可以对我失望吗？我能接受别人对我的失望吗？

我相信经过艰难的内心挣扎，你会同意如下回答：

我确实不可能让所有人满意，如果某件事上必然要有一个人失望，那么让别人失望好过让我自己失望，虽然我并不希望让她失望。

这恐怕是丹瑞们无法真实做自己的第四个原因，她可能在害怕让别人失望，无法承受别人对自己失望，所以她要把自己变得优秀能干，以便最大限度上满足别人的期待。

丹瑞需要尽早意识到的是：

对于幸福和美好来说，真实比优秀更值得追求；在爱与被爱这件事上，"优秀"并没有大众以为的那么重要。

想象一下，如果有人是因为你的优秀而爱你，如果你不优秀了就要离开你。那么他的爱就很值得质疑——有可能是他自己渴望优秀却无法达到，或者他已经放弃把自己变优秀，所以想找一个优秀的女朋友来弥补自己，那么他可能在把你当作标榜自己的工具，而不是真的因为了解你而爱你。更重要的是，在这样的关系里，你将永远不能做完整的真实的自己。这样的一份爱，对你来说又有什么意义呢？

我想对丹瑞说的是：

真正爱你的人，并不是因为你优秀才留在你身边。

他们甚至不是因为你漂亮或有钱（漂亮有钱只能把别人吸引过来，却不具备留下他们的能力）。相信你会同意，无论你天生条件多么优越，这世界上总有很多比你更漂亮、更优秀、更有钱的人。人们确实会因为伴侣的优秀而心生自豪，可是如果你以为对方只要你优秀就够了，那未免太天真了一些。

科学研究告诉我们，人们之所以愿意放弃外貌更有吸引力的异性，而选择留在相貌平平的伴侣身边，是因为他和伴侣之间有着深厚的亲密感，每当和伴侣在一起时，他会感到安全、温暖、舒适。正是这些情感的因素，让他深深地爱着你，主动选择留在你们的关系里，不愿意离开你。

我特别想对我的读者说：

别人之所以爱你，是因为你愿意为自己花时间去关注自己，了解自己，让自己得到足够的照顾，让自己像是女神一般的存在，由内而外地绽放光芒。然后他为你的美好驻足，被你的美好吸引，情不自禁地想和你结合。

别人之所以爱你，是因为你在帮助自己做女神的基础上也愿意去关注他人，了解他人，去爱护和照顾他人，尝试建立有意义的亲密关系。然后他看到你内在里的美好，感受到你的珍贵，忍不住就想靠近你，滋养你，和你在一起。

别人之所以爱你，是因为你真实地做自己，勇敢地面对自己，宽容地对待他人和世界。然后他只要在人群里看见你，瞬间就在精神上连通你，他由衷地欣赏你，爱慕你，渴望更深地了解你，恳求你允许他进入你的生活。

感　谢

感谢所有一路上帮助和爱我们的朋友，家人。

雪萍说，感谢我的父亲和母亲，你们给了我很多爱，给了我积极乐观的性格，给了我善良纯净的内心，给了我对艺术和美的感知能力，还给了我善于思考的头脑和超强的表达能力，而最棒的是，这一切都是不求回报的。

雪萍说，感谢我的丈夫，你是我安全感的港湾，是我的心灵加油站，也是我的镜子和老师。你的爱和包容给了我无限的力量和勇气，让我无论遇到什么挫折，都能很快满血复活，继续对生活充满希望。

雪萍说，感谢我的朋友们，她们是刘芯语、高姝敏、成妮玲、李彩虹、刘珩珩、王楚煜、金曙光、崔艳红、马桂华，你们总是在我需要时挺身而出，陪伴我度过艰难的时刻，听我啰啰唆唆地讲那些形而上的呓语般的话，给我充满智慧的忠告和建议，给我温暖的友伴时光，也给我人世间最珍贵的信任和真诚。

雪萍说，我还想感谢我自己，感谢我为自己做出的所有选择，正是那一系列正确的选择，让我成为今天的自己。

芯语说，我要感谢我的父母，他们付出很多精力，耐心地养育一个那么特别的孩子，一个明显比家里其他孩子矮小、瘦弱、娇气、难养的我，他们给予我最大程度的保护和爱，给我一颗永远长不大的心，让我得以活在单纯、善良的世界里。他们还给了我对艺术和美的天然感知力，让我在美的领域里有着源源不断的灵感和创意。

我很喜欢这样的自己，希望下辈子还能做他们的女儿。

芯语说，我要感谢我的丈夫唐糖小君——我的写作导师，感谢你引领我走进文字的海洋，为我打开人生的另一片天空。感谢你总是陪我天马行空地畅想未来，在工作之余陪我玩很幼稚的游戏，感谢你接纳我的小脾气，给我最大程度的理解和爱，给我一个强而有力的肩膀，我的人生因为你的存在有了更多可能性。

芯语说，我还要感谢我的同学和朋友们，你们的深聊与陪伴让我偶有不安的心情很快得以平复，让我满怀美好地看待这个世界。我还要感谢一直跟随我的形象班的学员们，因为你们的支持，让我坚定了在这条路上一直走下去的信念。谢谢你们！

芯语说，最后我也要感谢我自己，手握理想，历经坎坷一路走到今天，我依然还能活出自己，并且活得很好、很有价值。